요모조모 궁금한 연료전지를 알고싶다

GB기획센터 편성
백광열 교열

CI Corporate Identity

"새로운 얼굴로 바꿨습니다."

골든벨의 얼굴(Corporate Identity)이 23년 만에 새로운 전략 시각 커뮤니케이션으로 변모했습니다. 영문 로고는 메인 타이틀로, 한글 로고는 책등[背面]에 주로 사용하였습니다. **원형 컬러 세가닥은 지식의 전달을 종소리의 파장으로 상징**한 것입니다.

디자인은 「제일기획」의 신문화팀 '한성욱' 아티스트가 기획·제작한 것입니다.

불법복사는 지적재산을 훔치는 행위입니다.
저작권법 제97조의 5(권리의 침해죄)에 따라 위반자는 5년 이하의 징역 또는 5천만 원 이하의 벌금에 처하거나 이를 병과할 수 있습니다.

출간에 즈음하여…

  20년 후에 고갈될 것이라 여겨졌던 석유가 정말로 고갈되는 시대로 접어들었고, 한편으로 지구의 온난화 문제가 심각하게 증가되고 있다. 이 와중에서도 지속적으로 발전의 가능성이 있는 새로운 에너지원은 수소가 가장 유망하다고 한다. 그렇지만 수소는 원형 그대로의 에너지로 이용할 수 없기 때문에 수소를 매개체로 하는 새로운 시스템이 필요하며, 그 대표적인 것이 연료전지이다. 인류는 산업혁명 이래 동력을 이용하여 전기를 발생시켜 왔으며, 이것을 화학적으로 발전하는 구조로 변경시킨 것이 연료전지이다. 연료전지의 사회가 오면 현재의 사회·경제의 구조를 변화시킬 정도로 효과가 있다.

  연료전지는 작동 온도가 80~950℃이며 5종류의 타입이 있다. 처음에는 미국에서 우주 개발로 사용되었지만, 지금은 지상에서 실용화할 수 있도록 개발이 진행되고 있는 것은 전해질이 고체인 고체고분자형(PEFC)과 고체산화물형(SOFC), 전해질이 용액인 알칼리형(AFC), 인산형(PAFC)과 용해탄산염형(MCFC) 등 5종류의 타입이다.

  수소를 연료로 하여 발진할 때 생성되는 것은 물이기 때문에 이산화탄소의 발생온 제로(0)이다. 단지 수소를 만들어 내는 공정으로 천연가스나 석유계로부터 개질하는 과정에서 이산화탄소가 발생된다. 그렇지만 태양광발전으로 얻은 전기로 물을 전기분해하여 수소를 추출하거나 바이오매스를 가스화하여 수소를 추출하면 이산화탄소는 전혀 발생되지 않는다. 궁극적인 수소사회에서는 자연에너지로부터 전기로 수소를 추출하여 저장한 후 가정이나 자동차의 전원에 연료전지로 전기를 보내는 것이다.

  지금 가장 각광을 받고 있는 PEFC 버스는 현재 승용차에 해당하는 비율로 가솔린 자동차를 대체할 가능성이 있도록 은밀하게 진행되고 있다. 또 1kW부터 수 kW의 정치형으로 일반 가정에서도 이용할 수 있을 것이다.

2011년 8월

Chapter 01 　연료전지의 시작 ● 7

발명은 영국의 그로브
01 원형은 19세기 중반에_ 8 |

갖가지 연료전지의 탄생
02 상온 사용도 가능_ 10 |

전극, 전해질의 개량에
03 베이컨전지의 탄생_ 12

일부에서 실용을 위해 진전해 나감
04 아폴로 계획에 채_ 14 |

제미니에서 아폴로, 스페이스 셔틀로
05 우주개발로 인한 성과_ 14 |

실용이 가까워진 연료전지 자동차
06 자동차용의 개발_ 14

Chapter 02 　연료전지의 기본 ● 23

연료전자에 따라 전해질이 다르다
08 여러 종류의 연료전지_ 24 |

건전지와 연료전지의 차이
09 전기분해와 연료전지_ 26

전해질을 나누는 애노드극과 캐소드극
10 여러 전극재료_ 28

저온 운전에 고효율, 게다가 고출력
11 고체고분자형의 개발원리_ 30 |

내부가습, 외부가습, 자기가습도
12 소형·경량인 고체고분자형_ 32

코제너레이션에도 이용 가능
13 상용화에 가장 가까운 인산형의 개발원리_ 34

사업용은 가압형, 온사이트용은 상압형
14 긴 수명을 달성한 인산형_ 36 |

연료로서 석탄가스를 사용 가능
15 용융탄산염형의 발전원리_ 38

광범위하게 적용이 가능
16 산업용 코제너레이션도 목표로 하는 용융탄산염형_ 40

개질기가 필요 없는 연료전지
17 고체산화물형의 발전원리_ 42

기존에는 화력발전 대체용을 개발
18 대규모 발전과 소형 전원을 목표로 하는 고체산화물형_ 44

수증기개질방식이나 부분산화방식
19 도시가스로부터 수소를 만들어 내는 개질기_ 46

안정된 전압과 주파수의 전력을 공급
20 직류를 교류로 바꾸는 인버터_ 48

7가지의 서브시스템으로 구성
21 연료전지발전 시스템_ 50 |

주요 구성기기와 기능
22 컴팩트한 패키지_ 52

Chapter 03 일상생활을 지원하는 연료전지 • 55

환경문제를 해결하는 연료전지
23 깨끗하며 고효율인 발전 시스템_ 56

인산형 개발의 추이
24 가반(可搬型 : portable type)용 250W부터 전력용 11,000kW까지_ 58

깨끗하고 고효율인 점을 평가
25 하수처리장 / 맥주공장에서 발전이 이루어지고 있다_ 60

식품 리사이클의 의무화로 수요 증가
26 음식물쓰레기가 전기로 재탄생_ 62

업무용부문 에너지절약화에 활용
27 병원이나 호텔에서의 코제너레이션 시스템_ 64

직류를 충실히 이용
28 직류로부터 살균제를 만들 수 있다_ 66

연료전지의 기능을 최대한 활용
29 화재 시에 샤워를 할 수 있다_ 68

전력변환 손실이 적고 축전지 용량을 저감
30 정전이 없는 전력공급 시스템_ 70

높은 종합 효율의 실현
31 이벤트회장에 자동판매기를 설치_ 72

가정의 코제너레이션 시스템
32 전기가 나오는 급탕기_ 74

2차 전지를 대체할 가능성
33 휴대전화나 컴퓨터의 전원에도 사용된다_ 76

발전 효율에서 우위, 나머지는 가격 저감
34 마이크로 코제너레이션과의 경합_ 78

Chapter 04 자동차에는 어떻게 사용될 것인가? • 81

배터리는 불필요
35 전기자동차와 어디가 다른가?_ 82

주로 수소를 사용
36 연료전지차의 여러 가지 시스템_ 84

간단하며 고성능
37 수소직접형_ 86

가솔린, 디젤과 다르다
38 수소연비의 측정법_ 88

수송, 저장에 편리
39 메탄올 개질형_ 90

사용하기 쉽지만 높은 기술이 필요
40 가솔린 개질형_ 92

연속 운전에 적합하다
41 다이렉트 메탄올 연료전지(DMFC)_ 94

보조 전원에 큰 역할
42 하이브리드 연료전지차_ 96

기존의 차에 없는 많은 부품
43 연료전지차용 전용 부품_ 98

격화되는 개발경쟁
44 세계의 자동차 메이커의 착수_ 100

차례로 요소 기술의 개발로
45 세계를 리드하는가? 자동차 메이커_ 102

널리 이해되는 시스템으로
46 공공도로실증(해외편)_ 104

저공해성을 실증
47 공공도로실증(국내편)_ 106

Chapter 05 보급에 대한 과제 • 109

가볍고 작게
48 수소저장탱크(고압탱크)_ 110 | 나노기술을 활용
49 수소저장탱크(수소흡장합금)_ 112

가볍게 하는 확실한 방법
50 카본 나노튜브_ 114 | 수소의 여러 가지 제조법
51 인프라를 어떻게 할 것인가?(수소제조)_ 116

안전성, 신뢰성이 열쇠
52 인프라를 어떻게 할 것인가?(수소 스테이션)_ 118 | 엔진 룸에 어떻게 수납할 것인가?
53 가볍고, 컴팩트하게_ 120

가격의 대부분은 스택
54 연료전지의 가격은 어디까지 내릴 수 있을까?_ 122

에너지 유효이용과 CO2 삭감으로 도모한다
55 총합에너지 효율에서 본 연료 선택_ 124 | 특별히 엄격한 규격이 필요
56 연료전지차의 안전성_ 126

폭넓은 재검토가 필요
57 규제완화와 법률의 정비_ 128 | 중요한 장기적 시야
58 국가의 지원_ 130 | 일본의 의견 반영에 노력
59 표준화를 위한 진행_ 132

Chapter 06 수소사회가 찾아온다 • 135

등유 개질이 목표
60 석유업계의 착수_ 136 | 긴급 시에 대비한다
61 가솔린 스탠드의 대응_ 138

5만 엔의 가정용 개발에
62 가스회사의 착수_ 140 | 국내외 메이커 7개사가 출품
63 정치형 연료전지의 평가시험_ 142

가정용은 과제 산적
64 전력업계의 착수_ 144 | 강력한 판매 네트워크로 보급 지향함
65 LPG 개질_ 146

인공적으로 무한히 쉽게 제조 가능한 수소
66 수소의 매력(1)_ 148

지구환경에 해를 입히지 않는 가장 뛰어난 에너지 매체
67 수소의 매력(2)_ 150

여러 이용이 가능한 수소, 그리고 지구환경 문제와 에너지고갈 문제를 동시에 해결
68 수소의 매력(3)_ 152

수소에너지 시대의 집
69 수소클린하우스_ 154 | 액체수소를 해외에서 수입
70 수소의 공급_ 156

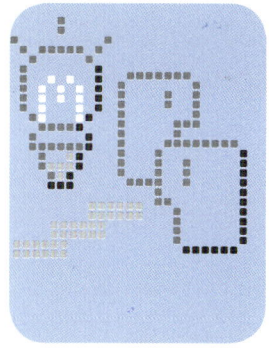   

연료전지의 시작

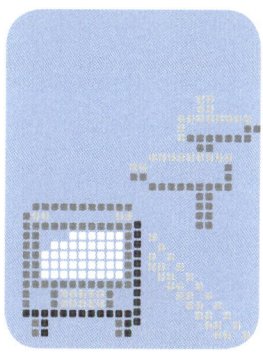

01 _ 원형은 19세기 중반에
02 _ 상온 사용도 가능
03 _ 베이컨전지의 탄생
04 _ 아폴로 계획에 채용
05 _ 우주개발로 인한 성과
06 _ 자동차용의 개발
07 _ 활발한 연구개발

01

발명은 영국의 그로브

원형은 19세기 중반에

전지의 역사는 오래되었다. 이미 2000년 전에 철과 동을 전극으로 한 전지가 금이나 은의 전기 도금용으로 사용되었다는 것으로 알려져 있다. 이 전지는 현재 **바그다드전지**(Baghdad Battery)로 불리며, 바그다드의 동방 Khuyut Rabbou'a의 발굴 조사에서 출토된 유물에서 발견되었다. 다음의 위쪽 그림에 그 복원도를 나타내었는데, 구조는 현재 사용되고 있는 건전지와 거의 동일하다는 것을 알 수 있다. 그러나 그 후에는 오랜 공백 기간이 이어져 전지에 대하여 서서히 잊혀져 갔다.

그로부터 오랜 후인 1791년에 이탈리아의 **갈바니**(Galvani)가 개구리의 몸과 다리에 각각 철과 동을 접촉시키면 전기가 흐르고, 다리의 근육이 꿈틀거리며 움직이는 것을 알아냈다. 이것이 근대에서의 전지의 원점으로 여겨지고 있다. 갈바니는 전기가 흐르는 것은 개구리에 원인이 있다고 생각했다. 한편, 금속에 원인이 있다고 생각하여, 동과 아연을 이용하여 황산에 침전시켜, 실제로 기전력을 발생시킨다는 것을 밝힌 것이 이탈리아의 **볼타**(Volta)였다. 이것이 1800년의 일로 이것을 계기로 전지의 발전이 시작된 것이다.

이러한 전지의 여명기에 연료전지를 처음으로 고안한 것은 영국의 **그로브**(Grove)로 여겨지고 있다. 원래 법률을 전공하여 재판관으로서 기사작위를 받은 사람이었지만, 병으로 인해 법정의 일을 중단하고 1839년부터 10년간 전지에 대해 연구를 했다. 사용한 전지는 다음의 아래쪽 그림에 나타낸 장치로 산소라고 적힌 것은 산소가 들어간 관을 나타내며, 수소는 수소가 들어간 관을 각각 나타낸다. 각각의 관은 전해질로서의 묽은 황산 수용액에 침전되어, 관 중앙의 검은 봉은 전극과 촉매를 겸한 백금박(반응을 쉽게 진행시키기 위해 백금의 미립자인 백금흑도 사용한 가능성이 있다)이며, 이것이 4개 직렬로 연결되어 있다. 이 장치에 의해 수소와 산소의 반응에 따라 물을 생성시키고, 그 반응 에너지에 상당하는 기전력을 얻는다는 연료전지로서의 기능을 이룰 수 있게 한다. 초기에는 기전력이 작아서 26개의 전지를 필요로 하였으나, 개량을 거듭하여 다음의 아래쪽 그림에 나타난 것처럼 4개의 전지로 물을 전기분해하는데 필요한 기전력(약 1.7V)을 얻는데 성공했다. 이처럼 현재 개발이 진행되고 있는 연료전지의 원형이 이미 1839년에 이루어졌다는 것은 참으로 놀랄만하다.

- 고대전지도 구조는 같다.
- 전지의 발전은 1800년부터
- 그로브전지에 의한 물의 전기분해

Chapter 01 연료전지의 시작

바그다드 전지의 복원 그림

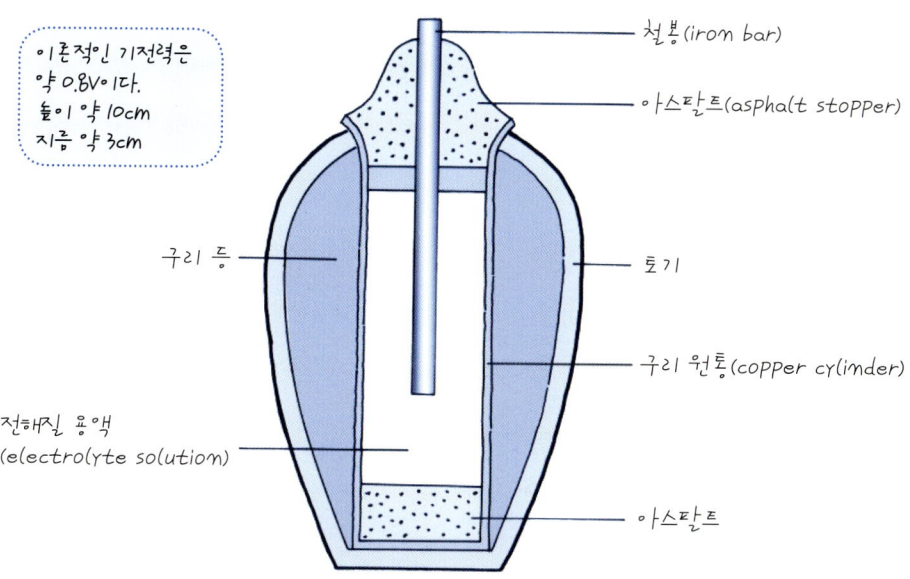

그로브 연료전지의 모식도

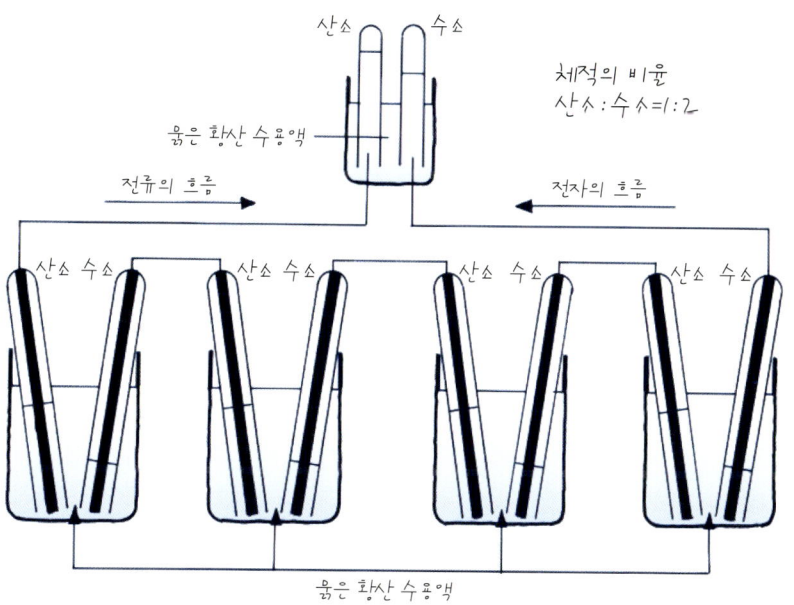

용어해설

기전력: 전지의 양극과 음극 사이에서 발생되는 전압이며, 전지의 성능을 나타내는 수치의 하나이다. 전극의 물질에 의해서 값이 결정된다.
전해질: 물 또는 용매에 녹아서 이온화하여 음양의 이온이 생기는 물질이다(전도성을 띠며, 전기분해가 가능하다).

9

여러 가지 연료전지의 탄생

02

상온 사용도 가능

    그로브전지에 주목하여 50년 후인 1889년에 그 연구를 진행한 것은 영국의 **몬드**(Mond)와 **랑거**(Langer)였다. 그들은 석면 같은 작은 공동(空洞)이 많은 지지물질(매트릭스)을 이용하여, 거기에 묽은 황산 수용액을 스며들게 했다. 그렇게 함으로써 전지의 구조가 간단해짐과 동시에 성능도 안정되었기 때문에 매트릭스에 전해질을 스며들게 하는 방식은 현재 일부의 전지에도 채용되고 있다. 그러나 그 성능이 매우 낮아 실제 사용할 만한 것은 아니었다.

    이처럼 수소를 이용한 연료전지의 실용화는 진전이 늦어져 좀처럼 앞으로의 전망이 보이지 않게 되었다.

    1896년이 되어 미국의 **잭스**(Jacks)는 철제 포트에 400~500℃의 용융된 가성칼륨(수산화칼륨)을 넣어, 그 한가운데에 탄소 전극을 삽입한 전지를 고안했다. 철제 포트에 공기를 불어넣으면 그것이 플러스(+)극이 되어 작용하고, 이것을 100개 직렬로 연결함으로써 1.6kW의 출력을 6개월간 얻는데 성공했다.

    이 방식을 더욱 발전시킨 것은 독일의 **바울**(Paul)이다. 그는 여러 가지 용융염을 시험한 후에, 1921년에 다음의 위쪽 그림에 있는 탄산칼륨과 탄산소다(탄산나트륨)의 혼합용융염을 전해질로 하는 전지를 고안했다. 마이너스(−)극에 철과 수소, 플러스극에 산화철과 공기를 이용하여 800℃에서 전압 0.77V, 전류 4.1mA/cm²의 성능을 얻었다. 성능은 그다지 높지 않았지만 이것은 오늘날의 **용융탄산염형 연료전지의 원형**이 되었다.

    이러한 고온에서 작동하는 연료전지의 연구와 병행하여 상온 부근에서 사용 가능한 전지의 개량도 진행되고, 1923년에 독일의 **하이제**(Heyse)와 **슈마허**(Schumacher)는 가성소다(수산화나트륨)를 전해액으로 하여, 액체가 스며들지 않는 파라핀(paraffin)으로 방수 처리한 탄소분말을 플러스극에 이용하는 것을 제안했다. 이것을 참고로 하여 1933년에 독일의 **토플러**(Toffler)가 다음의 아래쪽 그림에 있는 수소를 연료로 하는 상온 작동 연료전지를 조립, 그 성능이 향상된 것을 확인했다. 이것은 **알칼리형 연료전지의 기본형**으로 생각되고 있다.

- 여러 연료전지의 개선과 개량
- 용융염형 연료전지의 원형
- 알칼리형 연료전지의 탄생

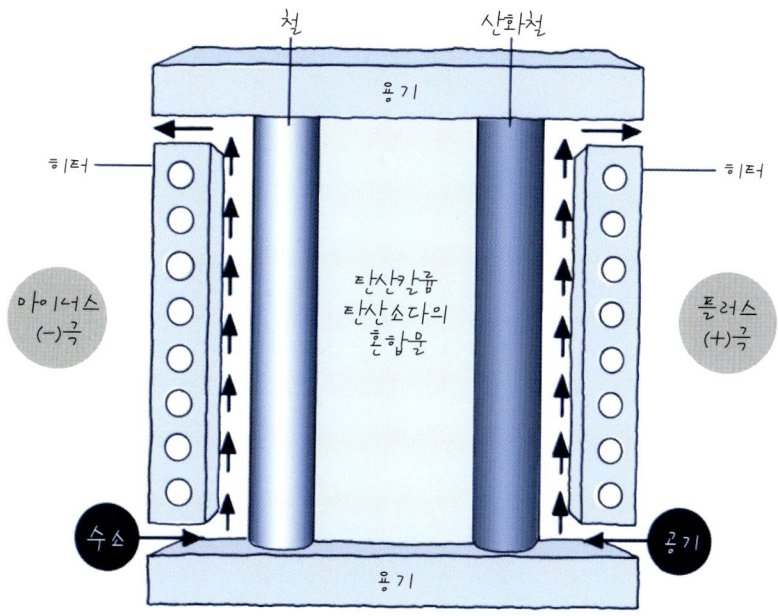

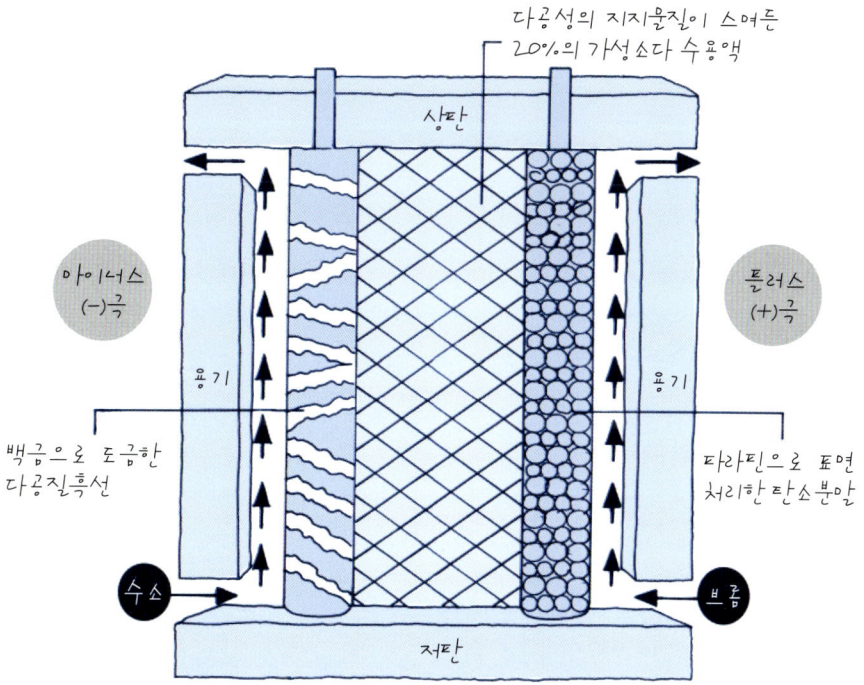

전극, 전해질의 개량

베이컨전지의 탄생

토플러가 고안한 연료전지는 현재의 알칼리형 연료전지의 기본형이라고 할 수 있다. 그러나 제2차 세계대전에 의해 연구는 늦어질 수밖에 없었다. 세계대전이 끝난 후 연료전지의 연구는 당시 구소련(러시아)의 더브챈(Davtyan)에 의해 1946년 재개되었다. 수소의 산화 촉매로 은에 함유된 활성탄소였으며, 산소의 환원촉매는 니켈 속에 함유된 활성탄소였고, 전해액으로는 35% 가성칼륨을 사용했다.

전류를 흘리지 않은 경우의 전압(개회로 전압)은 1.12V이고, 25~35mA/cm²의 전류밀도일 때의 전압은 0.75V이다. 이러한 수치는 그 이전과 비교하면 성능이 비약적으로 향상되었는데, 그 열쇠가 된 것은 전극의 제조 방법이다. 미세한 구멍이 많이 존재하는 전극 속에는 전해액이 침입하여 전극으로서 작용할 표면을 봉쇄할 우려가 있다. 그래서 작은 구멍을 유효하게 사용하도록 하기 위해 수용액을 튕겨 내는 파라핀으로 전극을 처리한 것이다.

이처럼 성능 향상이 진전되어 가는 중에 1952년 영국의 베이컨(Bacon)이 현재는 베이컨전지라 불리는 연료전지의 영국 특허를 취득하고, 그는 몬드(Mond)와 랑거(Langer)에 의해 제안된 연료전지에는 두 가지의 결점이 있다고 생각하였다. 그 하나는 고가인 백금 촉매이며, 또 다른 하나는 부식성이 큰 황산을 전해질로 이용한 것이었다. 그래서 알칼리전해액을 이용한 연료전지의 전극 개량에 착수한 것이다. 니켈의 유기화합물을 열분해하면 얻을 수 있는 미세한 니켈 미립자가 표면에 부착된 탄소 분말을 태워 응고시켜, 작은 구멍이 많이 난 니켈 입자가 분산된 전극을 얻었다.

전극 속에 존재하는 구멍의 크기를 두 종류로 하여, 전해질에 접촉하는 부분의 지름을 작게, 반대쪽의 부분을 크게 했다. 이렇게 하면 다음 그림처럼 전해질 측은 액체로 가득 차지만, 가스는 전해질과 전극이 접촉하는 장소까지 도달할 수 있어, 넓은 면적에서 반응이 진행되도록 할 수 있다.

베이컨전지에서는 전해질로서 27~37%의 가성칼륨을 채용하여, 가스의 압력 2.7~5.4MPa(27~54기압), 200~250℃로 작동시켜 성능의 향상을 실현했다.

- 활성탄 전극에 파라핀 처리
- 촉매와 전해질을 개량한 베이컨전지

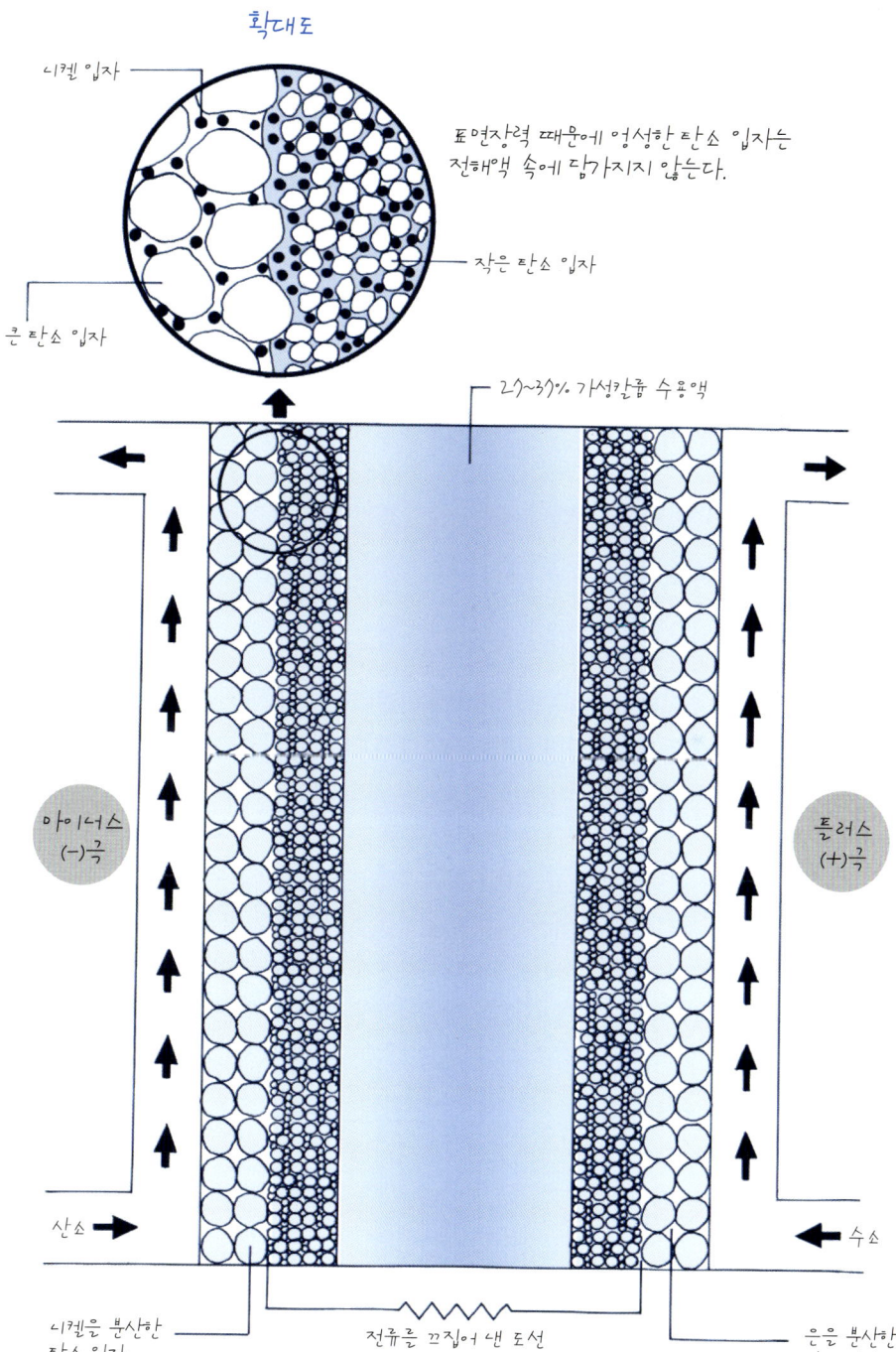

04

일부에서는 실용을 위해 발전해 나감

아폴로 계획에 채용

　베이컨전지보다 조금 늦은 1954년 독일의 **유스치**(Justi)는 **이중골격촉매전극**이라 불리는 새로운 전극을 개발했다. 이 전극은 니켈, 몰리브덴, 텅스텐 혹은 팔라듐(palladium)의 분말을 태워서 굳힌 판으로 전극의 골격을 만들어 여기에 레이니(raney) 촉매를 붙인 것이다. **레이니**(raney) **촉매**는 수소나 산소를 활성화하는 촉매로서 당시 이미 알려져 있었지만, 수소활성용에는 니켈, 산소활성용에는 은 또는 동을 사용했다. 유스치는 6mol/ℓ의 가성칼륨을 전해액으로 이용하고, 85℃에서 500mA/cm²의 전류밀도에서 0.7V를 얻었다. 이 수치는 당시로서 매우 높은 수치로 연료전지가 실용 레벨에 근접했다는 것을 단적으로 보여주고 있다.

　1959년이 되어 베이컨(Bacon)은 용접기를 작동시키는 **6kW의 연료전지**를 개발하고, 그해 10월에는 Allis Chalmers사가 연료전지로 구동하는 최초의 차량인 **20마력의 트랙터**를 제조했다. 1950년대 후반에는 미국의 유나이티드 항공기 회사의 Pratt & Whitney 항공기사업부가 베이컨의 특허를 취득했다. 그와 거의 같은 시기(1958년)에 설립된 미국항공우주국(NASA)이 유인 우주비행에 대비하여 소형 전원의 조사를 시작하여 연료전지의 채용을 결정한 것이다. 원자력발전은 취급 면에서 기준이 엄격하고, 전지는 무겁고 수명이 짧아 사용할 수 없었으며, 태양전지 부피가 너무 커지는 등의 이유로 연료전지가 최적으로 판명된 것이다.

　그래서 NASA는 모든 형태의 연료전지에 관해 200건 이상의 연구계약을 맺고, 자금 면에서의 원조를 개시했다. NASA가 쏘아 올린 아폴로 유인 우주선에는 1968년 10월에 약 260시간에 걸쳐 지구를 163바퀴 회전한 아폴로 7호부터 1972년 12월에 약 302시간에 걸쳐 비행하여 달 착륙도 이루어 낸 아폴로 17호까지 총 11기였다. 이 모든 비행의 전원에 다음 그림과 같은 **PC3A**라 명명된 개량 베이컨형의 연료전지가 이용되었다.

　우주선에는 3개의 알칼리형 연료전지가 탑재되었으며, 최대 출력은 2.3kW, 통상적으로는 0.6~1.4kW이다.

- 유스치(Justi)의 새로운 방식 촉매전극
- 베이컨전지에 의한 트랙터 구동
- NASA의 설립과 연료전지의 채용

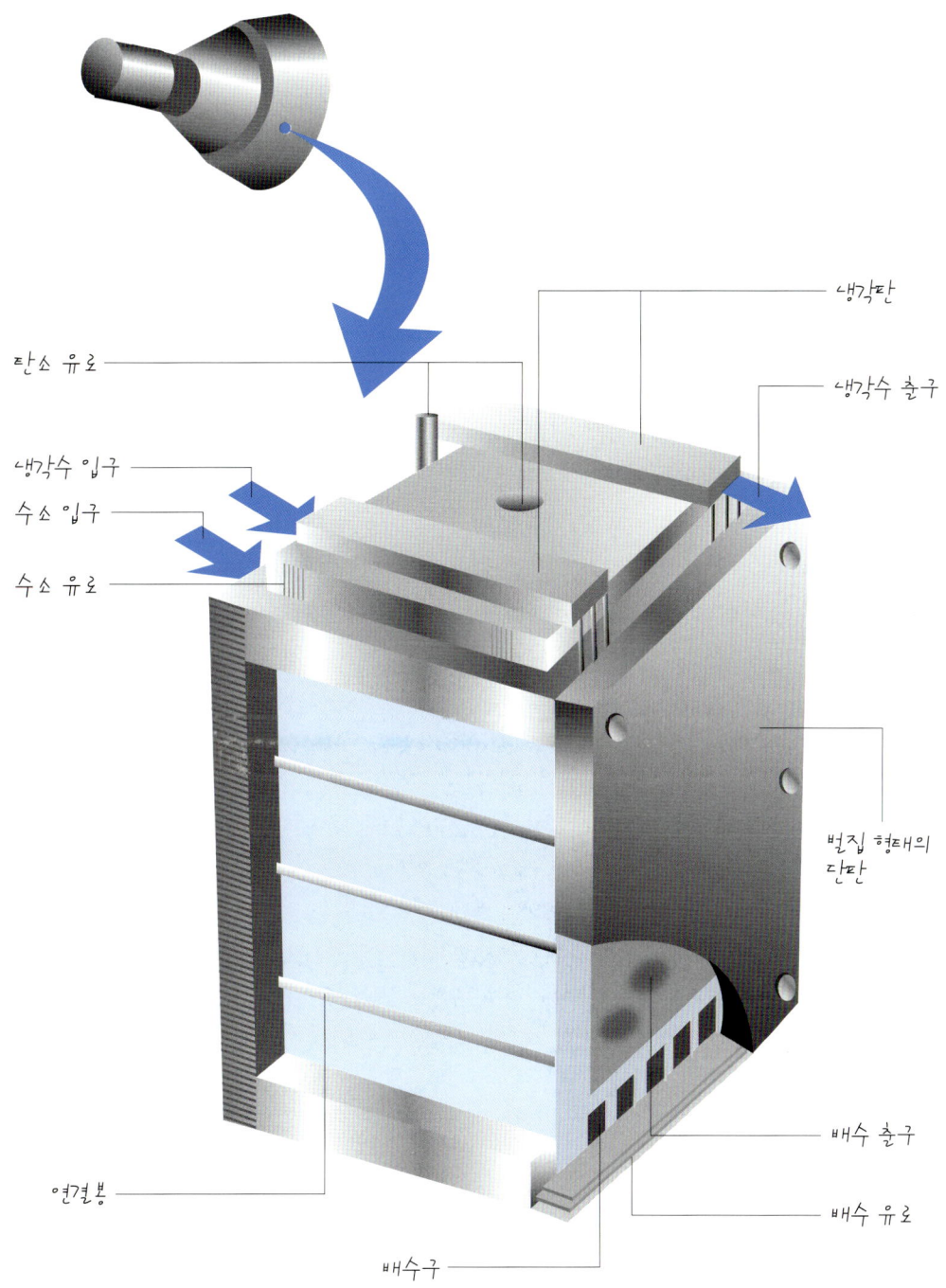

아폴로에 탑재된 PC3A 연료전지

제미니에서 아폴로, 아폴로에서 스페이스 셔틀로
우주개발로 인한 성과

1957년 10월 4일 당시 구소련(러시아)은 인류 최초의 인공위성 **스푸트니크**(Sputnik) 발사에 성공했다. 이에 자극을 받아 설립된 미국항공우주국(NASA)은 곧바로 **유인 우주비행**을 입안하였다. 이것은 **머큐리 계획**으로 명명되고, 이후 미국과 구소련의 우주개발경쟁이 이어지게 되었다. 1961년이 되어 머큐리 계획에 의한 6차례의 유인 우주비행의 성공에 자신을 가져 당시의 미국 대통령 케네디는 10년 이내에 인류를 달에 착륙시킨다는 성명을 발표했다. 이것이 후의 **아폴로 계획**이다. 이 계획의 실현을 위해 우주에서의 공동작업을 수행할 필요가 생기고, 그 훈련을 위해 생긴 것이 **제미니 계획**이었다.

제미니 우주선의 1호와 2호는 무인 우주선이고, 1965년 3월 23일에 발사한 3호부터 유인 우주선이 되어 처음으로 연료전지가 탑재된 것이다. 거기서 사용된 것은 알칼리형이 아니라 다음의 위쪽 그림처럼 미국의 제너럴 일렉트릭(GE)사가 만든 **고분자형 연료전지**였다. 그 채용 이유로는 타이탄 로켓(Titan Rocket)의 능력에 비교하여 알칼리형의 중량은 부하가 너무 크기 때문에 보다 가볍고 소형인 고분자형이 유리했다는 것을 들 수 있다.

그러나 전해질인 폴리스티렌을 기본으로 한 당시의 이온교환수지는 내열성이 약하고, 대량의 백금 촉매를 이용해도 수명 및 출력 면에서 한계가 있었고, 또 생성수가 막의 열화에 의해 오염되어 식수로서 사용할 수 없는 등 문제점도 발생하였다. 제미니 우주선 이후 막의 열화현상을 해명한 후 개량이 이루어져, 1966년에 **듀폰**(Du Pont)**사**에 의해 현재 고체고분자형의 주류가 되고 있는 **전해질 막**이 개발된 것이다. 이것이 불화탄소계 이온교환수지인 **나피온**(Nafion, 브랜드명)이다. 1969년에는 Biosatellite 3호에 탑재되어 생성수를 식용으로 사용할 수 있다는 것이 실증되었다.

이처럼 성능은 향상되었지만, 아폴로 우주선에 탑재된 것은 달 표면 착륙시에 예상되는 100℃를 상회하는 환경에서 동작시킬 수 있는 알칼리형이었다. 그 후 스페이스 셔틀에도 다음의 아래쪽 그림에 있는 알칼리형 연료전지가 채용되었다.

- 고분자형 연료전지를 제미니에 탑재
- 아폴로 우주선에는 알칼리형을 채용

제미니에 탑재된 연료전지의 입체도

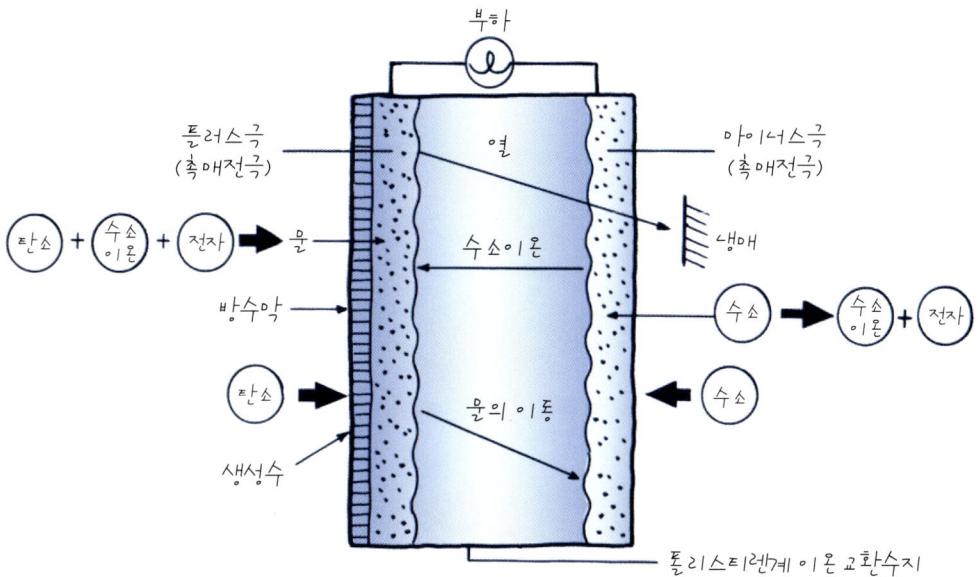

셔틀에 탑재된 알칼리형 연료전지

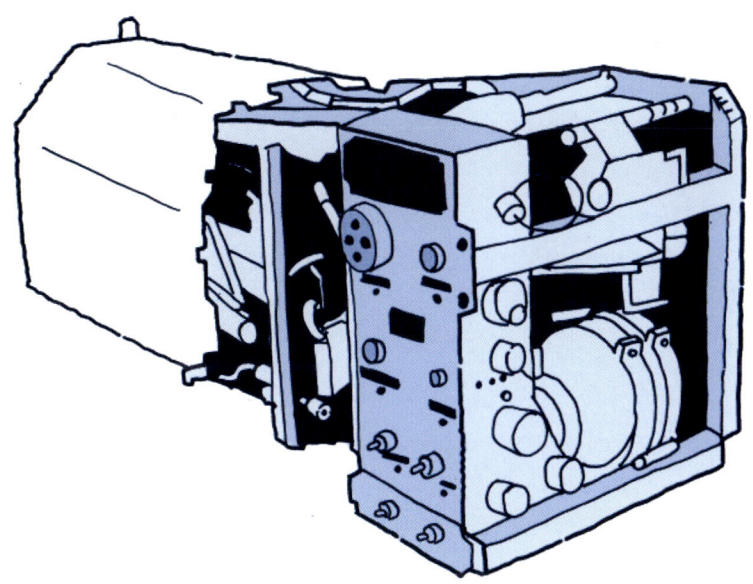

실용이 가까워진 연료전지 자동차
자동차용의 개발

　알칼리형 연료전지는 아폴로우주선과 스페이스 셔틀에 탑재되어 그 성능을 실증했지만, 유럽을 중심으로 자동차용으로서도 검토되었다. 벨기에의 Elenco사는 버스회사와 공동으로 알칼리형을 탑재한 버스를 시험 운전하였다. 또한 독일의 Siemens사는 포크리프트용의 시험을 실시했고, 런던에서는 영국의 ZEVCO사가 개발한 5kW급의 알칼리형 연료전지를 탑재한 택시가 주행하였다.

　그러나 **알칼리형의 약점**은 지구상에는 어느 곳에도 존재하는 탄산가스가 들어가면 알칼리와 산이 접촉하게 되고, 그 둘은 쉽게 반응하여 다른 물질로 변화되기 때문에 전해질로서의 **성능이 열화**된다. 따라서 연료와 공기 두 가지 모두 탄산가스를 제거할 필요성이 생겨, 광범위한 실용화를 저해한 것이다.

　한편, 우주에서는 알칼리형에게 자리를 내준 **고체고분자형**이지만, 자동차용 전원으로서는 전혀 다른 전개가 되었다. 1984년에 미국의 GE사는 우주에서의 연료전지 개발경쟁에서 철수하고, 유나이티드 테크놀로지(UTC)사, 독일의 지멘스(Siemens)사 및 캐나다 국방성에 기술을 매각했다.

　그 후 1987년에 리튬전지를 통하여 캐나다 국방성과 관계가 깊은 발라드파워시스템(BPS)사가 기존의 성능을 대폭 상회하는 수 A/cm^{2}라는 아주 큰 전류밀도를 발표하여 높은 효율·높은 출력밀도가 전 세계로부터 주목을 받았다. 게다가 고가인 백금 촉매의 다른 기기에서의 사용량을 대폭적으로 줄이는 방법과 미국의 로스앨러모스(Los Alamos) 국립연구소가 개질가스 속의 일산화탄소에 의한 촉매성능 열화방지책 등을 잇달아 발표하는 등 **고체고분자형 연료전지**의 실용화가 눈앞에 펼쳐지게 된 것이다.

　1990년의 캘리포니아주 자동차 배기가스 규제강화나 환경문제의 심각화 등 사회적인 배경으로 진행되어, 1990년대에 고체고분자형 연료전지 자동차의 연구가 가속화되었다. 그 후 미국에서는 GM, 포드, 다임러 크라이슬러를 중심으로 하고, 유럽에서는 독일의 다임러 크라이슬러가 중심이 되어 연구개발을 진행하였다. 일본에서도 도요타, 닛산, 혼다를 비롯하여 개발경쟁에 박차가 가해졌다.

- 알칼리형은 탄산가스 제거가 문제
- 고체고분자형은 엄청난 성능 업그레이드
- 연료전지 자동차의 개발경쟁 격화

혼다 자사 개발 연료전지 탑재차

자사에서 개발한 연료전지를 탑재한 FCX-V3 차체(위) 연료전지를 설치한 보닛(가운데) 및 혼다가 개발한 연료전지 스택(셀을 직렬로 쌓아 포개 놓은 전지)

용어해설

리튬전지 : 리튬을 마이너스(-)극에서 이용한 전지로, 가볍고 큰 전압을 끄집어낼 수 있다. 고성능 전지의 하나이다.

07 활발한 연구개발

전원으로서의 다양한 연구개발

    연료전지의 제1세대로 여겨지며, 현재 가장 기술적으로 진보한 **인산형**의 루트는 1967년까지 거슬러 올라간다. 그때까지 우주선용 전원으로 개발되었던 연료전지를 민생용으로 실용화하는 것을 목표로 미국의 주요가스 27개사가 **TARGET(가스에너지 변환 선진연구팀의 약칭) 계획**을 시작하였다.

    이 계획은 천연가스의 용도를 확대하기 위한 9년의 프로젝트였다. 천연가스를 개질하여 얻어지는 수소에 풍부한 가스를 연료로 하여, 공기를 산화제로 하는 인산전해액 연료전지가 지역분산형 전원으로서 가장 유망하다 해서 개발을 진행했다. 1970~1971년에 걸쳐 12.5kW의 **PC11A-2형**이 개발되어 미국 및 캐나다에서 야외시험. 1972년부터는 일본의 도쿄가스와 오사카가스가 참가하고, 1973년에 사이타마현과 오사카시에서 3,300시간의 야외시험을 성공리에 종료했다. 그 후 1977년부터는 미국의 가스연구소(GRI)에 의한 **GRI 계획**에 따라 전기와 열을 이용하는 **코제너레이션**(co-generation)을 목적으로 한 개발이 시작되었다. UTC사는 다음의 그림처럼 40kW급의 **PC18형**을 개발하여 미국 각지 및 일본 내 총 42개소에서 합계 46대의 야외시험을 실시했다.

    제2세대로 여겨지는 용융염형의 원점은 이미 기록한 것처럼 1921년의 바울의 시험으로 거슬러 올라갈 수 있다. 그 후 1950년대 후반에 네덜란드의 암스테르담 대학의 **케테러**(Ketelaar)에 의해 **용융염형**이 연구되었다. 1970년대가 되어 미국의 에너지성이 UTC사, GE사, 에너지 리서치사 및 Argonne 국립연구소에 보조금을 내어 연구를 추진하였다.

    제3세대로 여겨지는 고체산화물형 연료전지는 1937년의 **바우어**(Bauer)와 **프라이스**(Price)에 의한 연구가 최초라고 한다. 그러나 큰 진전은 없고, 본격적인 연구는 우주선용 전원개발까지 이루어지지 않았다. 1969년이 되어 미국의 **Westinghouse사**는 원통 형태의 가로가 높은 연료전지를 개발했다. 그 후 1981년에는 원통 형태의 세로가 높은 구조로 바꾸어, 1987년에는 3kW급의 시험을 도쿄가스 및 오사카가스와 공동으로 실시했다.

- 제1세대는 인산형 연료전지
- 제2세대는 용융탄산염형 연료전지
- 제3세대는 고체산화물형 연료전지

Chapter 01 연료전지의 시작

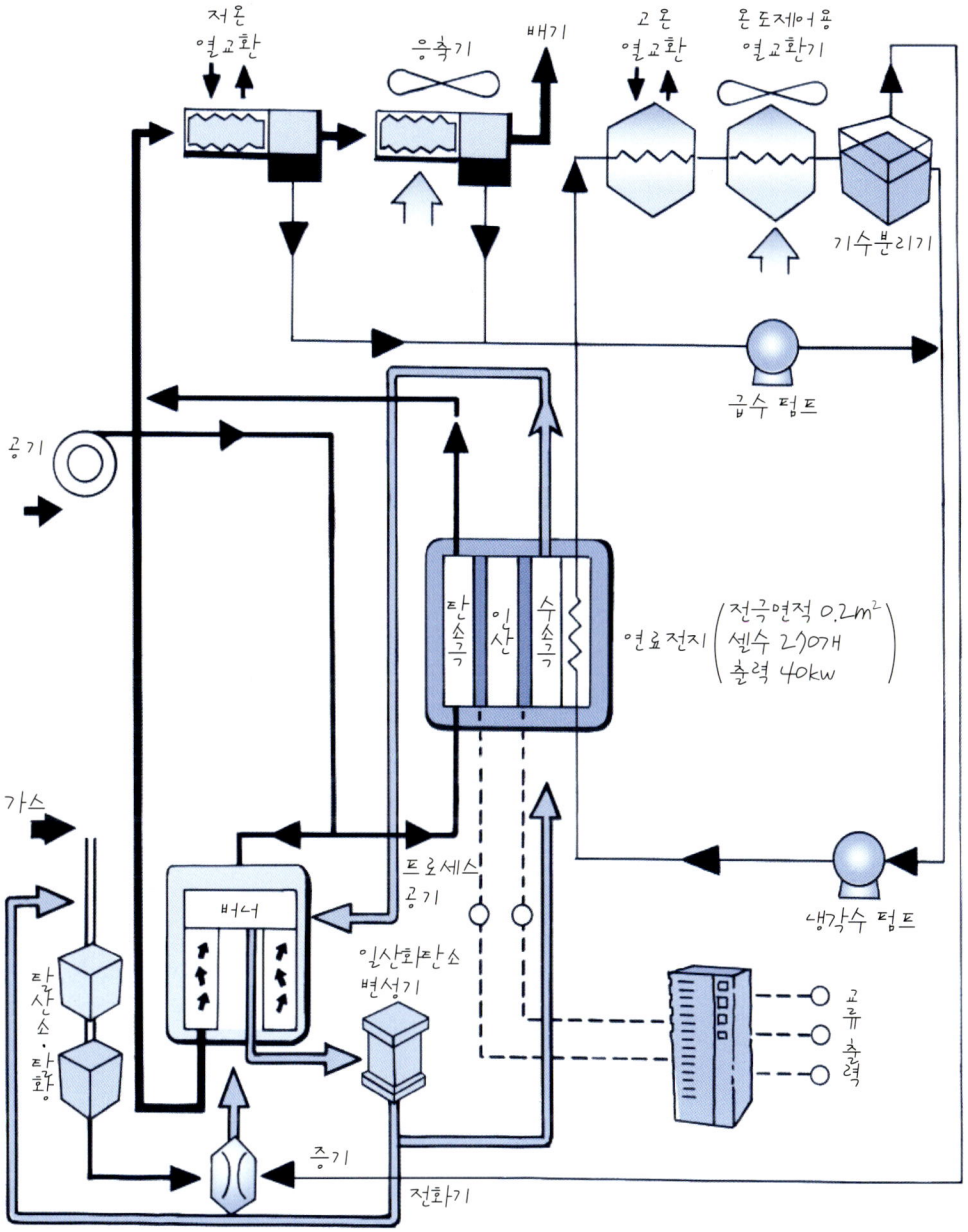

인산형 연료전지 PC18의 구성부품 배치도

용어해설

코제너레이션 : 전기와 열을 동시에 이용하는 것. 전기를 얻을 때 발생하는 열을 히터나 온수로 하여 이용하는 예가 있다.
원통가로형태 연료전지 : 원통형 전해질을 사용한 원료전지로, 전극을 원주 방향(가로)으로 할 것인가, 긴 방향(세로)으로 할 것인가로 구별한다.

연료전지의 역사

연 도	사 항
기원0년경	메소포타미아에서 고대전지가 발견된다.
1791년	갈바니(Galvani)가 개구리를 이용하여 전지현상을 발견해 낸다.(이탈리아, 이하 이)
1800년	볼타(Volta)가 묽은 황산 수용액을 이용한 볼타전지를 발명한다.(이)
1839년	그로브(Grove)가 연료전지의 원형을 발명한다.(영국, 이하 영)
1889년	몬드(Mond)와 랑거(Langer)가 지지물질을 이용한 전지를 고안한다.(영)
1896년	잭스(Jacks))가 용융가성칼륨을 이용한 전지를 고안한다.(미국, 이하 미)
1921년	바울이 혼합용융염을 이용하여 용융탄산염형의 원형을 고안한다.(독일, 이하 독)
1933년	토플러(Toffler)가 알칼리형의 원형을 고안한다.(독)
1952년	베이컨(Bacon)이 연료전지(베이컨전지)의 영국 특허를 취득한다.(영)
1954년	유스치(Justi)가 이중골격촉매전극을 개발한다.(독)
1959년	베이컨(Bacon)이 연료전지로 구동하는 트랙터를 제조한다.(영)
1965년	제미니3호에 고체고분자형 연료전지가 탑재된다.(미)
1966년	듀퐁사에 의해 전해질 막 나피온이 개발된다.(미)
1967년	인산형 연료전지를 이용한 TARGET 계획이 시작된다.(미)
1968년	아폴로7호에 알칼리형 연료전지가 탑재된다.(미)
1977년	인산형 연료전지를 이용한 GRI 계획이 시작된다.(미)
1981년	에너지절약 기술개발을 지향하는 문-라이트 계획이 시작된다.(일본, 이하 일)
1987년	Ballard사에 의해 고효율·고출력 연료전지가 개발된다.(프랑스, 이하 프)
1991년	에너지환경 기술개발을 지향하는 뉴-선샤인 계획이 시작된다.(일)
1991년	Ballard사와 다임러 벤츠사가 연료전지 버스를 개발한다.(프)(독)

Chapter 02

연료전지의 기본

08_ 여러 종류의 연료전지
09_ 전기분해와 연료전지
10_ 여러 전극재료
11_ 고체고분자형의 개발원리
12_ 소형·경량인 고체고분자형
13_ 상용화에 가장 가까운 인산형의 개발원리
14_ 긴 수명을 달성한 인산형
15_ 용융탄산염형의 발전원리
16_ 산업용 코제너레이션도 목표로 하는 용융탄산염형
17_ 고체산화물형의 발전원리
18_ 대규모 발전과 소형 전원을 목표로 하는 고체산화물형
19_ 도시가스로부터 수소를 만들어 내는 개질기
20_ 직류를 교류로 바꾸는 인버터
21_ 연료전지발전 시스템
22_ 컴팩트한 패키지

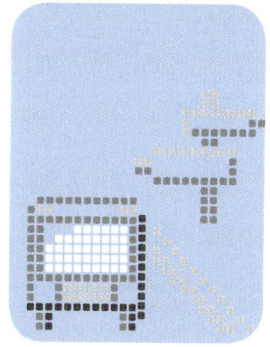

여러 종류의 연료전지

연료전지에 따라 전해질이 다르다

연료전지에는 여러 종류의 연료전지가 있지만, **반응 온도**나 **전해질의 종류**에 따라 분류된다. 다음의 표에 현재 실용화 또는 개발 중인 여러 종류의 연료전지와 그 특징을 표기하였다. 반응 온도가 300℃ 이하의 저온형과 그 이상인 고온형 연료전지가 있다. 전자에는 고체고분자형(PEFC), 알칼리형(AFC), 인산형(PAFC), 후자에는 용융탄산염형(MCFC)이나 고체산화물형(SOFC) 등이 있다. 저온형 연료전지에서는 반응성을 늘리기 위해 백금 등의 귀금속 촉매를 사용하지만, 고온형에서는 귀금속 촉매를 사용하지 않아도 전극반응이 가능하다.

알칼리형(AFC)은 **전해질에 수산화칼륨**을 사용한다. 연료에 이산화탄소가 포함되어 있으면 이산화탄소와 수산화칼륨이 반응하여 전해질이 열화된다. 그 때문에 연료에 순수소, 산화제에 순산소를 이용하므로 **우주용**이나 **잠수함용** 등의 특수 용도에 한정된다.

고체고분자형(PEFC)은 **전해질에 프로톤 전도성의 고분자막**을 이용한다. 연료에 일산화탄소가 포함되어 있으면 촉매인 백금을 피독(被毒)한다. 이 때문에 연료 속의 일산화탄소의 양을 매우 낮게 억제할 필요가 있다. **인산형**(PAFC)은 **전해질에 진한 인산**을 이용한다. 운전 온도가 약 200℃이므로 배열은 급탕이나 냉난방 등의 코제너레이션(co-generation)에 이용할 수 있다. 이 연료전지는 개발이 가장 진전되어 있는 연료전지이다.

용융탄산염형(MCFC)은 **전해질에 용융탄산염**을 이용한다. 이 탄산염은 고체이지만 약 650℃의 운전 온도에서는 투명한 액체가 되어, 탄산이온이 이 속을 자유롭게 이동한다.

고체산화물형(SOFC)은 **전해질에 이온 전도성이 있는 세라믹**을 이용한다. 이 세라믹은 약 1,000℃의 운전 온도에서는 산화물 이온이 이 속을 쉽게 이동할 수 있게 된다. 이 연료전지는 운전 온도가 높기 때문에 촉매를 사용할 필요가 없다.

용융탄산염형(MCFC)와 **고체산화물형**(SOFC)은 배열을 이용할 수 있으므로 높은 발전 효율을 기대할 수 있다.

- 전해질이 다른 연료전지
- 운전 온도가 다른 연료전지
- 배열에 의한 코제너레이션(co-generation)

Chapter 02 연료전지의 기본

여러 가지 종류의 연료전지

연료전지의 종류	저온형			고온형	
	고체고분자형 (PEFC)	인산형 (PAFC)	알칼리형 (AFC)	용융탄산염형 (MCFC)	고체산화물형 (SOFC)
연료	수소, 메탄올, 천연가스	수소, 메탄올, 천연가스	순수소	천연가스, 메탄올, 나프타, 석탄가스화가스	천연가스, 메탄올, 나프타, 석탄가스화가스
운전 온도(℃)	실온에서 100	160~210	실온에서 260	600~700	700~1,000
전해질	수소이온 교환막	고농도인산 (H_3PO_4)	고농도 수산화칼륨	리튬·칼륨탄산염 ($KLiCO_3$)	지르코니아계 세라믹(고체산화물) ($ZrO_2-Y_2O_3$)
전하담체	수소 이온	수소 이온	수산화물 이온	탄산 이온	산화물 이온
배열이용	온수	온수, 증기	온수, 증기	증기 터빈, 가스 터빈	증기 터빈, 가스 터빈
특징	저온 작동, 고출력 밀도, 이동용 동력원	배열은 급탕, 냉난방에 사용, 적용화단계	저온에서 작동, 비교적 높은 출력	고발전 효율, 배열을 복합발전 시스템에 이용, 연료의 내부개질 가능	고발전 효율, 배열을 복합발전 시스템에 이용, 연료의 내부개질 가능

Q&A 코너

Q 운전 온도가 높으면 왜 촉매가 필요 없는 걸까요?

A 운전 온도가 높으면 전기화학반응이 촉진되기 때문에 화학반응을 빠르게 하는 촉매가 필요 없다.

용어해설

피독 : 촉매활성(촉매능)을 잃는 것
고분자막 : 분자량이 굉장히 많은 분자로 되어 있는 막
용융탄산염 : 상온에서 고체의 탄산염을 가열용해하여 액체상태로 한 물질

전기분해와 연료전지

건전지와 연료전지의 차이

연료전지는 다양한 연료를 이용하여 고효율성과 환경친화적인 발전을 가능하게 하므로, 차세대 분산형 전원이나 가정용 정치형 전원 및 자동차 전원으로 주목을 받아 연구개발이 진행되고 있다. 연료전지란 원리적으로는 어떠한 것인가 생각해 보자.

우선, 맨 처음 학교에서 배운 물의 전기분해에 대해 생각해 보자. 물에 전도성을 갖게 하기 위해 소량의 황산을 첨가하고, 2개의 백금 전극을 넣어 다음의 위쪽 좌측 그림처럼 직류전압을 가하면 전류가 흐르고, 각각의 전극에서 화학반응이 일어난다. 음극(-)에서는 수용액 속의 양이온인 수소이온(양자)이 전자와 반응하여 수소분자가 된다. 또한 양극(+)에서는 물분자가 양극에 전자를 부여하고, 수소이온과 산소분자가 된다.

결국 전체적으로는 물이 분해되어 수소와 산소를 발생한 것이 된다. 바꿔 말하면 물에 전기에너지를 가하여 수소와 산소를 얻은 것이 되지만, 반대로 수소와 산소를 순조롭게 전기화학적으로 반응시키면 물이 생성되고, 전기에너지를 얻을 수도 있다. 이것이 바로 **연료전지**이다.

다음의 위쪽 우측 그림에는 가장 기본적인 연료전지의 원리도를 나타내었다. 연료전지는 2개의 전극을 **연료극(마이너스극, 애노드)**과 **공기극(플러스극, 캐소드)**이라 부른다. 그림처럼 연료극에 수소, 공기극에 산소를 공급하면 연료극에서는 수소가 백금 촉매상에서 이온화되고, 수소이온(양자)과 전자가 된다. 수소이온은 전해질을 통해 공기극으로, 전자는 외부의 회로를 흘러서 공기극으로 이동한다. 한편, 공기극에서는 산소와 전해질 속을 통해 온 수소이온과 외부회로를 이동하여 온 전자가 반응하여 물이 생성된다. 이처럼 전자가 외부회로를 이동하기 때문에 전자와는 반대의 방향으로 전류가 흐르고, 전기에너지를 얻을 수 있다. 연료전지에서는 수소와 산소가 전기화학반응하여 물이 생성되기 때문에 연료전지에서의 반응은 물의 전기분해의 반대반응이라고 할 수 있다.

건전지나 납축전지 등의 전지의 경우 연료와 산화제를 전지 내에 내장하고 있으므로, 연료 및 산화제를 모두 사용하고 나면 전기에너지는 발생하지 않게 된다. 이 점이 보통의 전지와 연료전지와의 큰 차이점이다.

- 화학에너지를 생성하는 전기분해
- 연속적으로 전기에너지를 생성하는 연료전지
- 순조로운 전기화학반응

Chapter 02 연료전지의 기본

물의 전기분해

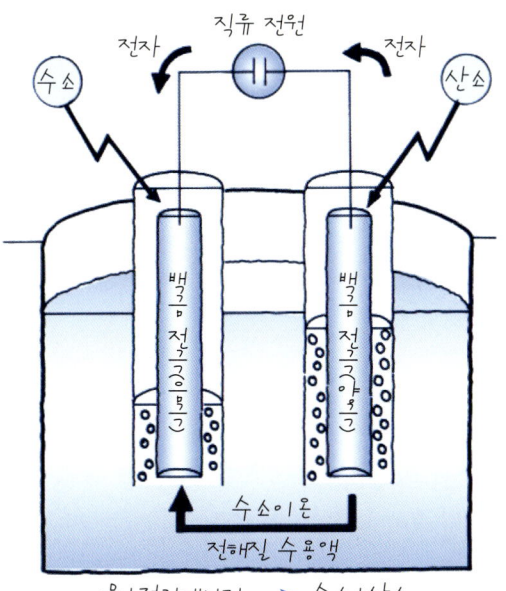

연료전지

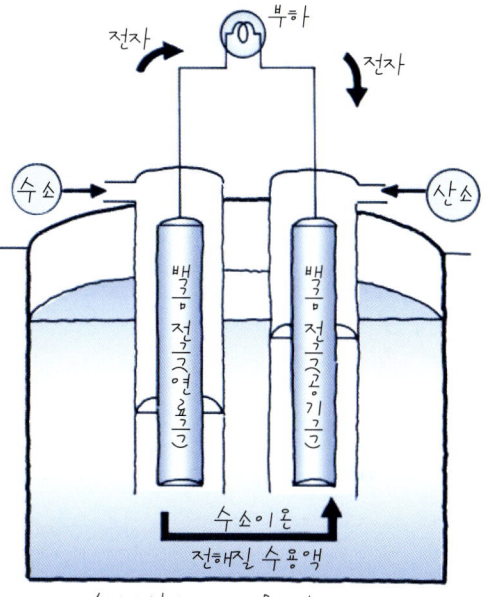

건전지와 연료전지의 비교

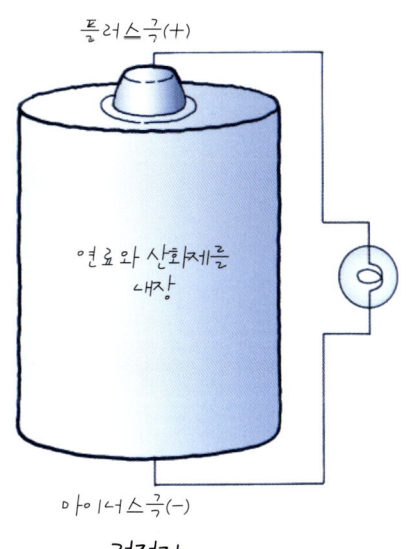

건전지

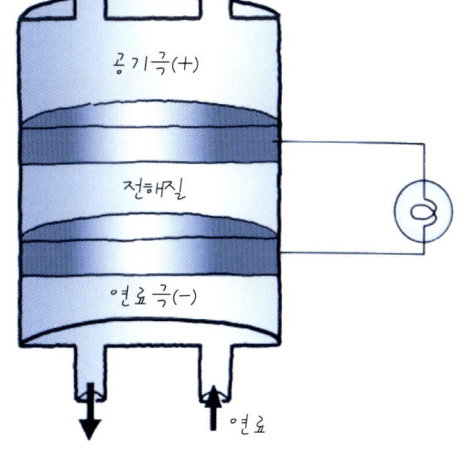

연료전지

용어해설

전해질 : 물에 녹아 전리하는 물질

전해질을 나누는 애노드극과 캐소드극

여러 전극재료

여기서는 제1장 및 이번 장의 복습을 겸하여 인산형, 용융탄산염형 및 고체산화물형 연료전지의 전극재료를 소개한다.

인산형(PAFC) 연료전지

전지의 기본 유닛(unit)인 싱글 셀(cell)은 농후한 인산용액을 함유시킨 전해질층(매트릭스)을 애노드(양극) 전극과 캐소드(음극) 전극 사이에 끼운 구성으로 되어 있다. 그리고 세퍼레이터(separator)와 냉각판을 넣어 적층하여 전지 스택이 만들어졌다. 전극기재, 세퍼레이터는 양호한 도전성, 내인산성이 요구되며, 카본섬유, 흑연화 카본판이 각각 사용되고 있고, 애노드 촉매에는 백금 또는 백금·루테늄이 캐소드 촉매에는 백금이 일반적으로 사용되고 있다.

용융탄산염형(MCFC) 연료전지

싱글 셀은 인산형과 같고 애노드, 캐소드, 전해질로 구성되어 있다. 애노드 재료에는 환원 분위기에서의 탄산염에 대한 내식성 때문에 니켈을 주성분으로 크롬이나 알루미늄이 첨가된 재료가 사용되고 있다. 또한 캐소드 재료에는 산화 분위기에서의 탄산염에 대한 내식성 때문에 산화니켈이 사용되고 있다. 전해질은 최근에는 리튬·칼륨 또는 나트륨인 탄산염이 사용되고 있다. 이 탄산염은 상온에서는 고체 상태이지만, 발전을 수행하는 600℃의 조건 하에서는 용융하여 액체가 된다.

고체산화물형(SOFC) 연료전지

애노드 재료에는 고온의 환원 분위기에서 안정하고 수소산화의 활성이 높은 니켈과 안정화 지르코니아의 혼합연소체인 Ni/YSZ Cermet이 이용되고 있다. 캐소드 재료에는 고온의 산화 분위기에서 안정화 Lanthan Manganite가 사용되고 있다. 전해질에 Yttria Stabilized Zircornia(YSZ)가 채용되고 있다. 이처럼 각종 연료전지의 전극 재료에는 전해질과 그 작동 온도 및 사용환경(산화 또는 환원 분위기)에 적합한 재료가 선정되어 있다. 연료전지 플랜트의 가격이 차지하는 전지의 비율은 크고, 전지의 재료 및 제조가격의 저감이 상용화에 있어 중요한 점이 되었다.

- 카본 재료에서부터 세라믹까지 사용되고 있다.
- 전극재의 내식성이 전지 수명을 지배한다.
- 고체산화물형(SOFC)에서는 저온화가 과제

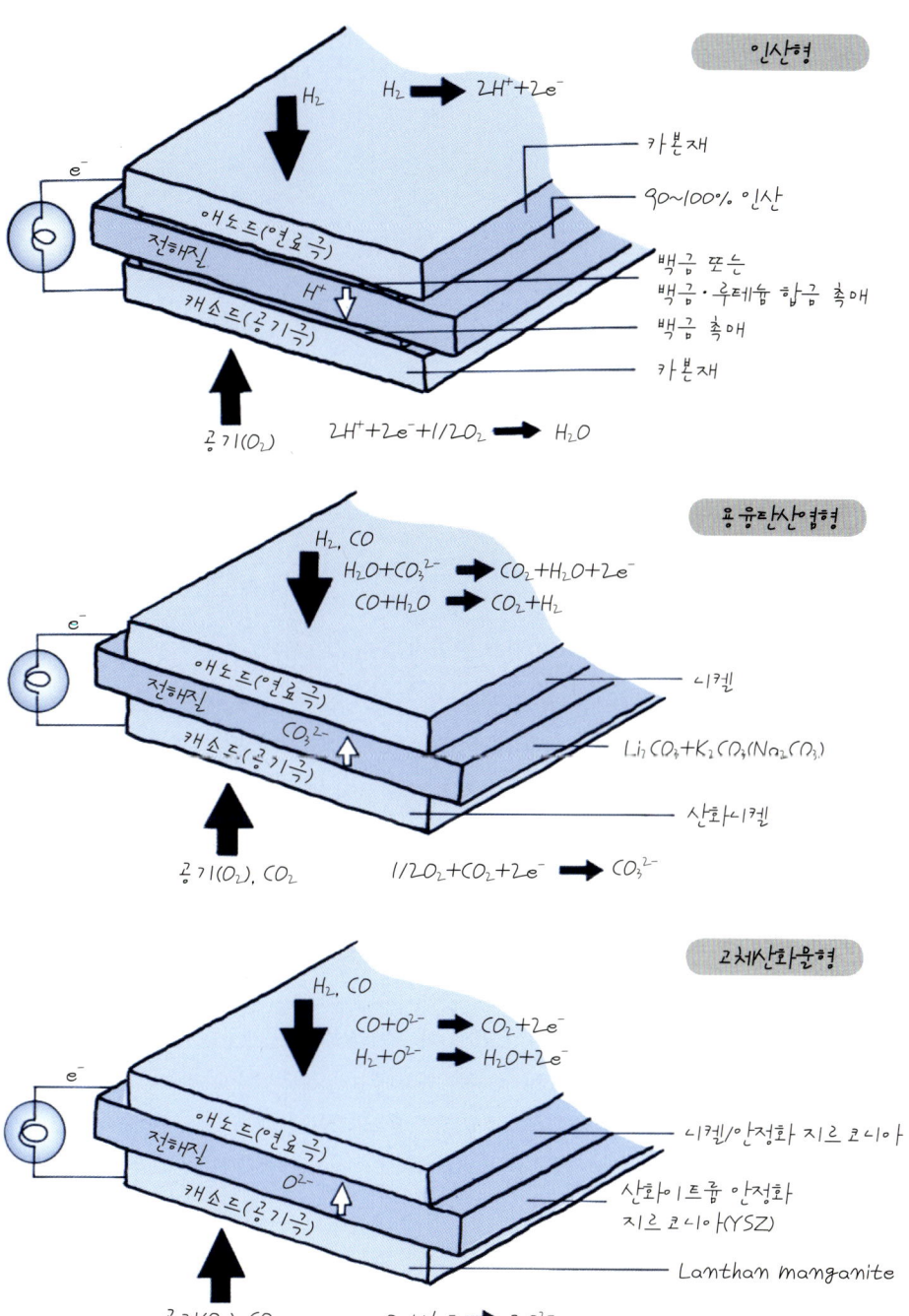

11

저온 운전에 고효율, 게다가 고출력

고체고분자형의 개발원리

고체고분자형 연료전지(PEFC)는 전해질에 수소이온 전도성이 높은 불소수지계 고분자막을 이용한다. 이 고분자막의 양쪽을 카본 페이퍼에 백금 등의 촉매를 도포한 한 쌍의 전극으로 감싸고, 카본 등의 세퍼레이터로 **샌드위치 구조**로 한 것이다. 다음 아래쪽 그림은 PEFC의 원리도를 나타낸다. 연료극에서는 공급된 수소가 촉매 상에서 수소이온과 전자로 나뉜다. 공기극에서는 공급된 산소가 고분자막을 이동해 온 수소이온이나 외부회로를 이동해 온 전자와 반응하여 물이 된다.

연료에는 순수소 이외에 메탄올, 가솔린 등도 이용한다. 이 경우에는 수소가스를 주성분으로 하는 연료로 개질하며, 개질가스 속에는 1% 정도의 일산화탄소가 포함된다. 이 일산화탄소가 백금이나 백금의 합금에 흡착, 백금 촉매 상에서 수소의 이온화를 방해하여 전지 성능을 저하시킨다. 그 때문에 개질가스로부터 일산화탄소를 제거할 필요가 있다. 현재 가장 양호하다고 여겨지는 **백금-루테늄 촉매**를 이용해도 일산화탄소 농도를 100ppm 이하로 할 필요가 있다.

PEFC에 이용되는 고분자막은 양이온 교환막으로 테프론계의 주쇄(主鎖, main chain)에 에테르 결합을 통해 측쇄(側鎖)가 결합되고, 그 끝부분에 설포닐기(sulfonyl基, 설폰산기)가 붙은 것이다. 이 설포닐기가 모여 친수성의 영역(클러스터)을 형성하고, 이 속을 수소이온이 물분자를 2~3개 지닌 채 이동한다. 이 때문에 고분자막은 항상 물이 있는 **습한 상태**로 있을 필요가 있다.

다음의 위쪽 좌측 그림은 PEFC 발전 시스템과 다른 내연기관과의 발전 효율을 비교한 것이다. PEFC의 효율은 규모에 따라 다르지만, 내연기관과 비교해 높은 것을 알 수 있다. **PEFC의 특징**으로서 ① 발전 효율이 높고, 고전류 밀도이므로 소형 경량화가 가능하다. ② 저온 작동이기 때문에 상온에서 기동할 수 있으며 또 기동시간도 짧아 취급이 간단하다. ③ 전해질이 고체의 고분자이므로 유지·보수가 간단하다는 것 등을 들 수 있다. 이러한 특징으로 PEFC는 가정용 정치형 전원이나 자동차용 이동 전원으로서 가장 각광받고 있다.

- 고분자 전해질막은 가습이 필요
- 백금의 일산화탄소 피독(被毒)
- 높은 출력 특성

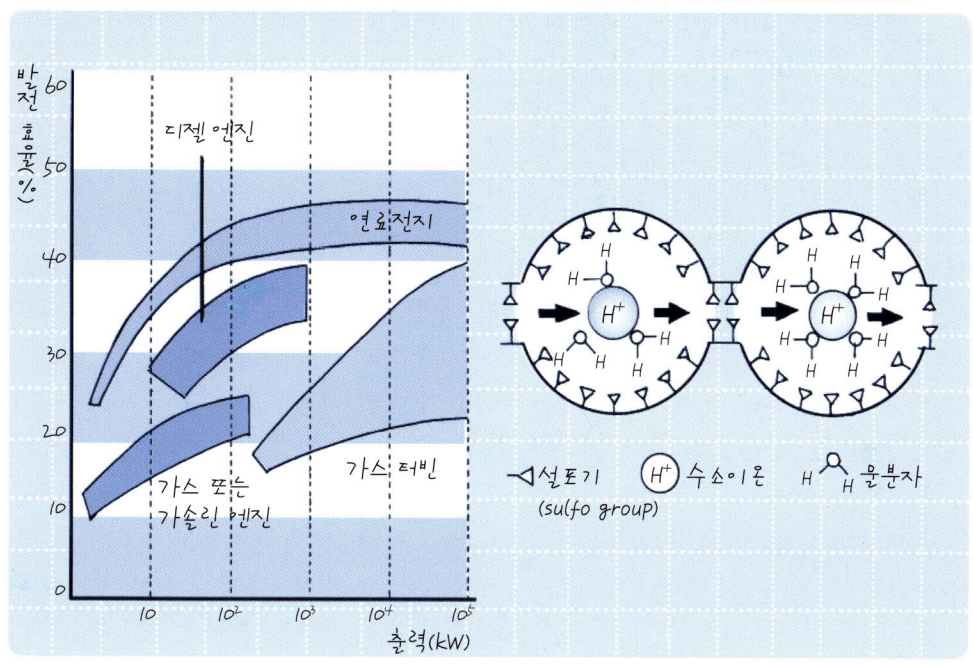

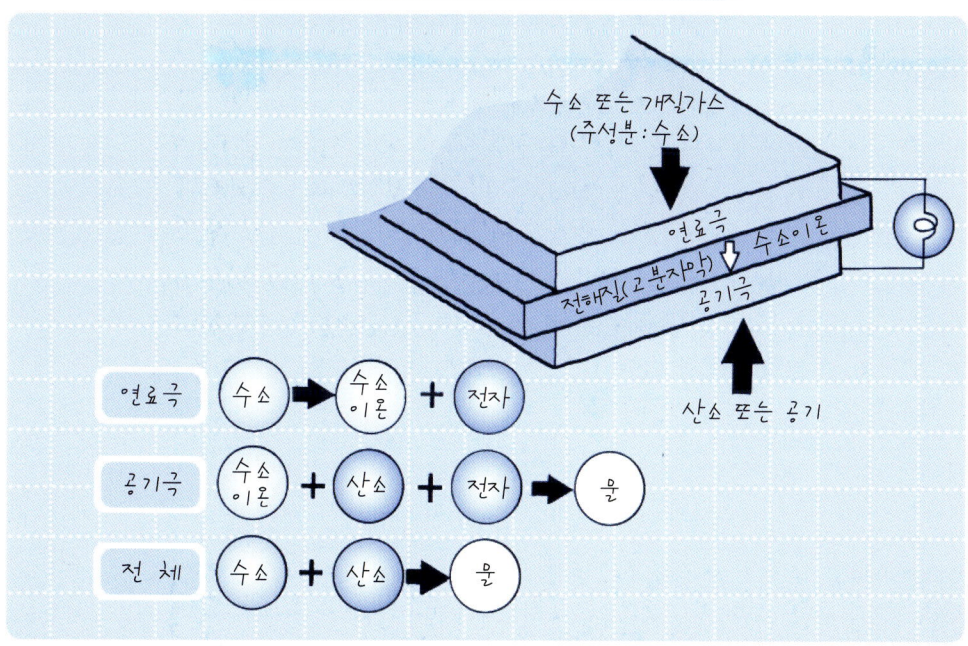

내부가습, 외부가습, 자기가습도

소형·경량인 고체고분자형

고체고분자형 연료전지(PEFC)의 싱글 셀은 설폰산기나 카보닐기(Carbonyl基)를 가지는 불소수지계 이온교환막(15~200μm)의 양쪽에 **애노드(연료극)** 및 **캐소드(공기극)**를 각각 접합하여 **일체화한 구조**로 되어 있다. 전해질로 사용되는 **Perfluoro계 막**으로는 듀폰(Du Pont)사의 나피온막, 아사히 글래스(주)의 Flemion이나 아사히 카세이공업(주)의 Aciplex가 잘 알려져 있다. 이러한 이온교환막을 전해질에 채용하고 있는 PEFC는 다음과 같은 특징을 갖고 있다.

① 전해질의 산일(散逸)이 없는 것이 특징, ② 전극 간의 차압제어가 용이, ③ 작동 온도가 낮아 단시간에 기동, ④ 소형·경량화가 가능(고전류 밀도).

그러나 전해질인 막이 높은 이온전도성을 유지하기 위해서는 상시 가습되어 있을 필요가 있다. 이 가습방식으로는 내부가습과 외부가습이 있다. **내부가습방식**에는 셀에 공급하는 연료를 입구부분에서 가습하는 가습부를 전지와 일체화한 방식과 다공질 셀 세퍼레이터의 배면에 직접 냉각수를 공급하는 **직접방식**이 있다. 전자는 가습온도가 셀 운전 온도에 가깝고, 배열도 사용할 수 있다는 장점이 있으며, 후자는 균일하게 가습할 수 있다는 장점이 있다.

그리고 **외부가습**은 외부에 설치한 가습기로 미리 연료를 가습하여 셀에 공급하는 방식이다. 게다가 막 속에 산화물입자를 분산시켜 생성수를 보존 유지시키는 **자기가습방식**도 있다. PEFC는 막의 가습과 함께 캐소드에서 생성되는 물 및 막 내부를 이동하는 물을 포함한 종합적인 물 관리가 전지 성능과 수명에 있어 매우 중요하다. 막이 건조하면 이온전도성이 나빠짐과 동시에 산소와 수소가 직접 반응하는 Cross Leak가 발생하여 막이 파손된다. 반대로 수분이 너무 많게 되면 **Flooding 현상**이 발생하여 가스의 확산 저해에 의한 전압 저하를 초래한다.

막 가습의 균일성 유지가 중요하며 가습량, 가스유속, 가스 흐름의 패턴 등 개선이 이루어지고 있고, 전지촉매의 CO 피독(被毒)을 피하기 위해 개질가스 속의 CO 농도저감도 중요하다.

- 고전류 밀도에 의한 경량·소형화
- 막의 물 관리가 성능, 수명을 지배한다.
- 단시간 기동 및 정지가 가능

Chapter 02 연료전지의 기본

고체고분자형 연료전지(PEFC)의 구조

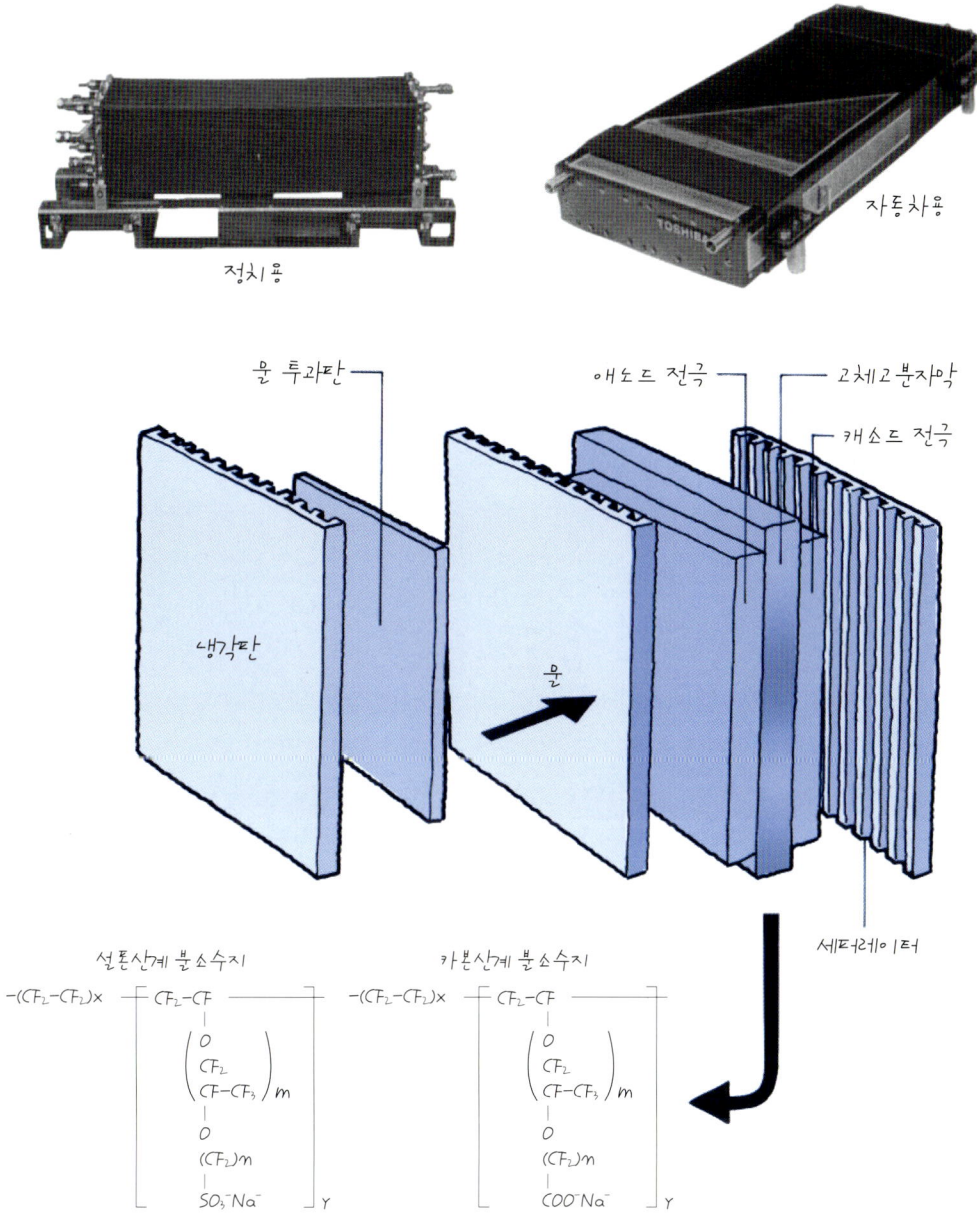

용어해설

Cross Leak : 연료가스(수소) 또는 산화제가스(산소)가 다른 극으로 새는 상태로, 연소반응이 일어나기 때문에 전지 성능이 급격히 저하한다.

Flooding 현상 : 가습용에 넣은 물이나 전지 내에서 생성한 물이 가스 통로를 막아서 가스가 흘러가기 힘든 현상

코제너레이션에도 이용 가능

상용화에 가장 가까운 인산형의 개발원리

인산형 연료전지(PAFC)는 상용화 단계에 도달해 있는 연료전지이다. PAFC의 원리는 PEFC와 같으며, 연료극에서는 수소가 이온화되어 수소이온과 전자로 나뉘며, 공기극에서는 산소와 수소이온과 외부회로를 이동해 온 전자가 반응하여 물이 생성된다. 전체적으로 **수소와 산소가 반응하여 물이 생성**되게 된다. 이 전자의 흐름에 따라 전기에너지를 얻을 수 있다.

PAFC의 기본 구조는 농후한 인산을 포함한 전해질판을 연료극과 공기극으로 감싸고, 세퍼레이터(separator)로 **샌드위치 구조**로 한 형태이다. PAFC의 전해질은 일반적으로 농후한 인산을 탄화규소로 된 다공판 매트릭스에 결합시켜서 이용하고 있다. 전극은 **탄소제**이며 연료나 산소가 통하기 쉽도록 **다공질의 얇은 판**으로 구성되어 있으며, 다공질판의 안쪽에는 **나노 오더**(nano order)**인 백금 미립자**가 균일하게 분산되어 있다.

연료나 산화제가스를 셀 내부에 공급하기 위해 전극에 가스 유로를 만들어 놓은 리브가 달린 전극과 세퍼레이터에 가스 유로를 만들어 놓은 리브(rib)가 달린 세퍼레이터가 있다. 싱글 셀의 출력 전압은 약 0.7V 정도이므로, 다수의 싱글 셀을 조합시킨 스택(stack)을 제작하여 발전시킨다. 이 스택의 구조는 온도를 제어할 목적으로 여러 개의 싱글 셀마다 냉각용 플레이트가 조합되어 있다.

연료에는 천연가스, 메탄올, 나프타 등을 개질하여 얻을 수 있는 수소가 많은 개질가스가 사용된다. 그러나 개질가스 속에 일산화탄소가 많은 경우에는 일산화탄소가 백금에 대해 **촉매독**으로서 작용하기 때문에, 일산화탄소 변성기를 이용하여 수소와 이산화탄소로 변환하여 연료에 이용한다. 피독이 적은 백금-루테늄 합금 촉매를 이용하여 190℃ 이하에서 반응시키면 수 %의 일산화탄소를 포함한 개질가스라도 문제없다고 알려져 있다.

PAFC는 비교적 초기부터 개발이 이루어졌기 때문에 개발이 가장 진전되어 있는 연료전지로, 정치형 200kW 발전 플랜트가 상용화 직전까지 와 있다. 연료전지의 운전 온도는 약 200℃이므로 배열을 급탕이나 냉난방 등의 코제너레이션에도 이용한다.

- 전해질은 농후한 인산용액
- PAFC의 기본 구조
- 정치형 발전플랜트가 실용화 직전까지

Chapter 02 연료전지의 기본

PEFC의 원리도와 각 극에서의 반응

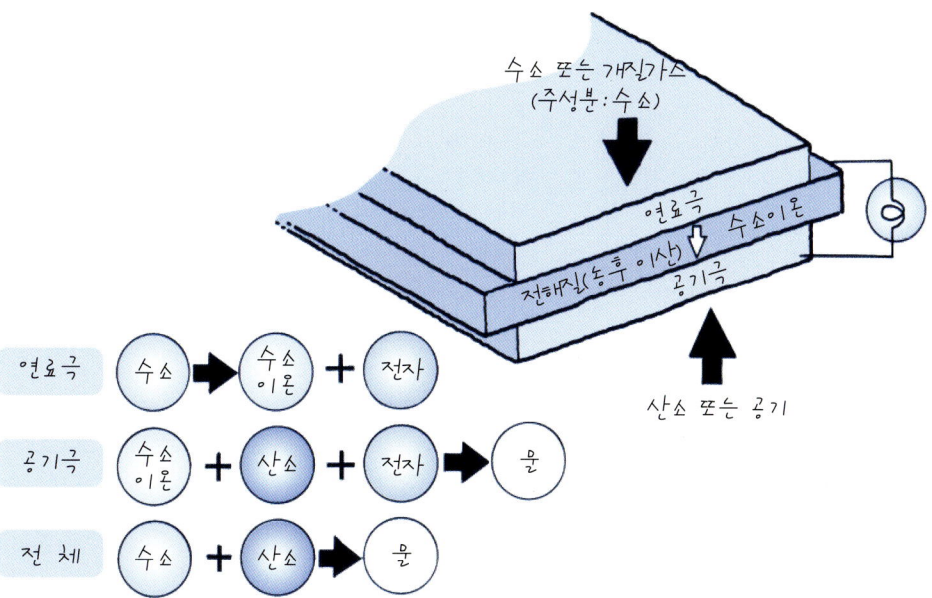

연료극: 수소 → 수소이온 + 전자
공기극: 수소이온 + 산소 + 전자 → 물
전체: 수소 + 산소 → 물

PAFC 발전시스템의 기본 구성

용어해설
- **다공판 매트릭스**: 액체 전해질이 보전되는 고체의 다공질판
- **나노 오더**: 나노미터 오더(또는 nm 오더) 나노는 10억분의 1
- **스택**: 다수의 단전지(단셀)를 적층한 전지
- **촉매독**: 촉매반응에 첨가, 혼입한 미량의 이물질이 촉매작용을 현저하게 감소시키거나 완전히 없애는 것

35

14

사업용은 가압형, 온사이트용은 상압형
긴 수명을 달성한 인산형

인산형 연료전지(PAFC)의 작동 온도는 용융탄산염형이나 고체산화물형에 비교해 약 200℃로 낮기 때문에, 애노드(연료극)와 캐소드(공기극)에는 다공질의 카본 재료 위에 **백금 촉매와 PTFE(불소수지) 가루를 합착시켜 구성된 촉매층**이 형성되어 있다. 그리고 전해질에는 **SiC 입자 등의 전해질 보존재료에 95~100% 인산을 합착시켜서 사용**하고 있다.

이 때문에 운전시간과 함께 백금 촉매의 소결(sintering, 燒結, 입자의 조대화)이나 인산의 비산에 의해 성능열화가 발생한다. 전지 수명의 하나의 척도로 **온사이트용**은 4만 시간을 보고 있는데, 인산형 연료전지는 대부분의 실기 플랜트에서 이 목표를 달성했다. 반면, 다른 종류의 연료전지에서는 전지의 긴 수명이 과제가 되었다.

인산형 연료전지발전 시스템은 전지의 운전작동 압력에 따라 상압형과 가압형으로 나누어지며, 온사이트용은 시스템의 간소화에 따른 저렴한 가격과 고신뢰성이 기대되는 **상압형**이 채용되고 있으며, **가압형**은 적층된 셀(스택)을 가압 탱크에 수납하는 구조로 셀 전압이 높고, 큰 전류 밀도를 얻을 수 있지만, 공급하는 공기나 연료를 가압하기 위한 컴프레서(compressor)가 필요하여 캐소드와 애노드와의 극간 차압의 제어가 복잡해진다는 단점을 가지고 있어 높은 발전 효율이 요구되는 사업용으로 이용된다.

인산형 연료전지는 전해질을 양 전극(다공질 탄소판)으로 감싸고, 세퍼레이터(치질 탄소판)를 넣어 **전기 출력에 따라 적층한 구조**로 되어 있다. 전지는 전기와 함께 열이 발생하지만, 이 열을 외부로 제거하여 일정 온도에서 전지반응을 수행하기 위해 몇 개의 셀마다 냉각판을 설치했다. 냉각판에 공기를 공급하는 **공랭식(空冷式)**과 물을 공급하는 **수랭식(水冷式)**이 있다. 시스템의 간소화와 발생하는 증기를 유효하게 이용할 수 있는 수랭식이 주류가 되고 있다. 수증기 분리기에서 회수·분리된 증기는 개질반응이나 흡수식 냉온수기의 열원으로 유효하게 이용된다.

- 시스템을 간소화할 수 있는 수랭식 전지
- 제어가 간단한 상압형 전지
- 촉매의 소결에 의한 성능 열화

인산형 연료전지의 구조

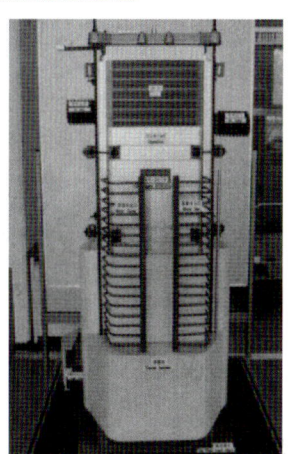

연료극(애노드)에 수소, 공기극(캐소드)에 산소를 도입하여, 전기화학반응에 의해 발전하며, 전기 출력에 의해 필요한 단셀에 축적된 것을 사용한다.

단셀 구조

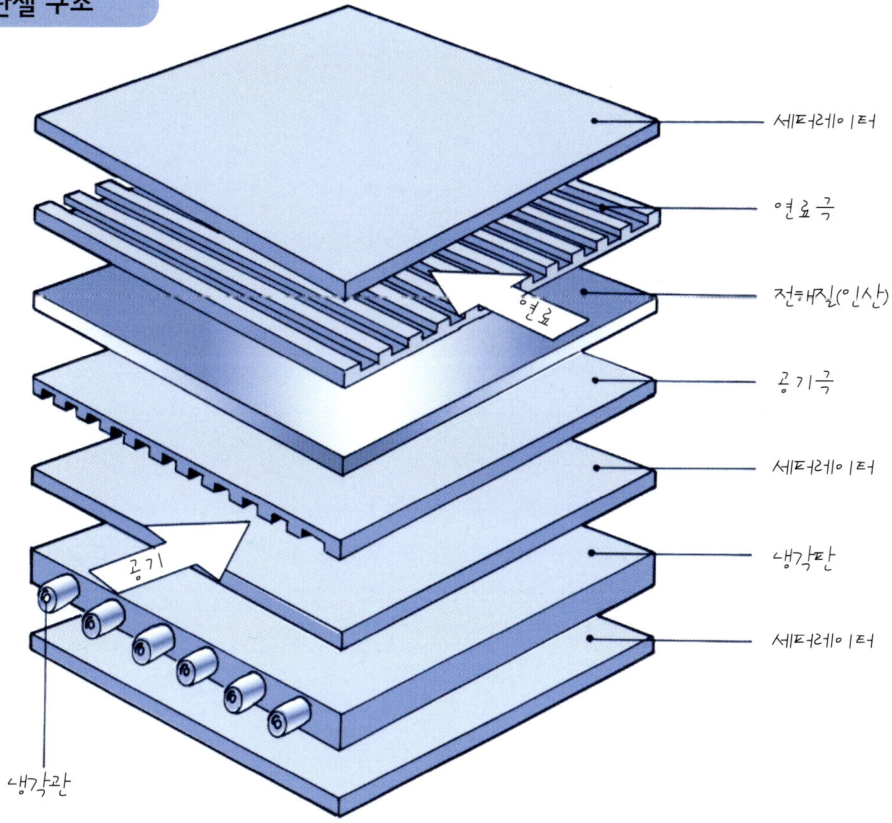

- 세퍼레이터
- 연료극
- 전해질(인산)
- 공기극
- 세퍼레이터
- 냉각판
- 세퍼레이터

연료
공기
냉각판

용어해설

온사이트용 연료전지 : 전력수요지점에 설치한 연료전지 발전설비. 송전 손실이 없고 배연을 유효하게 이용할 수 있기 때문에 종합 효율이 좋다.

연료로서 석탄가스를 사용 가능

용융탄산염형의 발전원리

　용융탄산염형 연료전지(MCFC)는 전해질에 통상 탄산리튬과 탄산칼륨을 몰(mole)비로 **62대 38로 혼합한 탄산염**을 이용한다. 이 혼합탄산염의 융점은 원래의 화합물의 융점보다 낮은 488℃로, 연료전지의 운전 온도인 약 650℃에서는 혼합탄산염은 용융상태의 투명한 액체가 되며, 이 속을 탄산 이온이 이동하여 이온 도전성을 나타낸다. 연료전지에서 액체상태인 전해질의 누수를 방지하기 위해 탄산염은 **리튬 알루미네이트**의 다공질판에 합착시키고, 연료극에는 **니켈계의 다공질체**, 공기극에는 **산화니켈계의 다공질체**를 이용한다.

　연료에는 수소, 천연가스, 메탄올, 나프타, 석탄가스 등이 이용된다. 그러나 연료극에서는 수소와 일산화탄소만이 반응에 관여하기 때문에 수소 이외의 연료는 수소와 일산화탄소로 개질할 필요가 있다. 연료극에서는 수소와 탄산 이온이 반응하여 물과 이산화탄소와 전자가 된다. 전자는 외부회로를 통하여 공기극 쪽으로 흐른다.

　공기극에서는 공급된 산소와 이산화탄소와 외부회로를 통해 온 전자가 반응하고 탄산 이온이 된다. 이 탄산 이온은 전해질인 용융탄산염 속을 통하여 연료극으로 이동하고, 연료극에서의 반응에 사용된다. 공기극에는 연료 외에 이산화탄소를 공급해야 하지만, 연료극에서 발생한 이산화탄소를 회수하여 이용하기도 한다. 이 MCFC에서는 전체적으로 PAFC와 마찬가지로 **수소와 산소에서 물이 생성**되고, 전기에너지를 얻을 수 있게 된다.

　MCFC는 고온에서 운전되기 때문에 촉매에 고가인 귀금속 종류를 사용할 필요가 없고, 전극재료인 **니켈이 촉매의 역할**을 한다. 또한 니켈은 일산화탄소에 의한 열화도 일어나지 않는다. 게다가 일산화탄소는 물과 반응시키면 수소와 이산화탄소로 바뀌기 때문에 연료로서도 도움이 된다.

　또한 MCFC는 운전 온도가 600℃로 높기 때문에 증기 터빈 등의 복합발전이 가능하므로 고효율화에 적합하며, 석탄가스화도 사용할 수 있으므로 **대규모 발전 플랜트**가 가능하다.

- 전해질은 용융탄산염
- 연료로서 일산화탄소도 사용 가능
- 배열의 발전 이용

MCFC의 원리도와 각 극에서의 반응

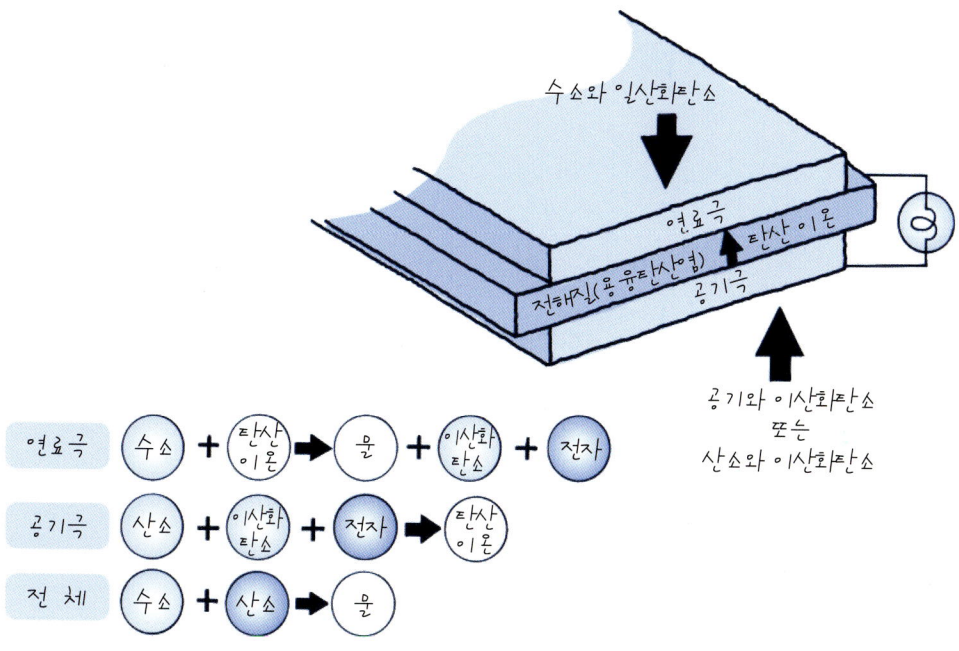

MCFC의 발전 시스템의 기본 구성

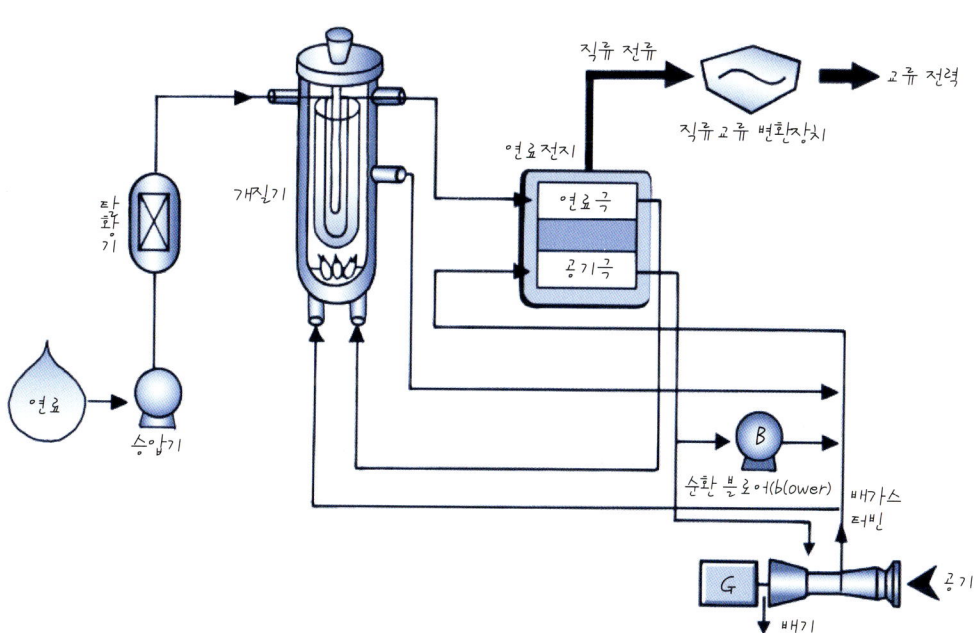

광범위하게 적용 가능

산업용 코제너레이션도 목표로 하는 용융탄산염형

용융탄산염형 연료전지(MCFC)는 높은 발전 효율을 얻을 수 있는 것, 연료에 천연가스는 물론이고 석탄가스도 사용할 수 있어서 온사이트용, 분산배치용, 집중배치용 등으로 광범위하게 적용할 수 있는 특징을 가지고 있다. 게다가 고온작동이므로 귀금속 촉매가 필요 없고, 전지 내에서 발생한 열과 증기를 이용하여 천연가스 등의 개질(내부개질)이 가능하여 시스템의 간소화가 가능하다.

해외의 경우 일본에서는 문-라이트 계획에서 1981년부터 1986년까지 제1기에서 10kW급 스택의 개발에 성공하고, 1993년부터 뉴-선샤인 계획으로 이어져, 1999년까지의 제2기에서는 1,000kW급의 파일럿 플랜트(외부개질방식)와 200kW급 플랜트(내부개질방식)가 각각 츄부전력(주) 카와고시 발전소와 칸사이전력(주) 아마가사키 연료전지 발전소에 설치되어 1999년부터 2000년에 걸쳐 약 5,000시간의 운전이 실시되었다. 게다가 2000년부터 2004년까지의 제3기에서는 산업용 코제너레이션용의 300kW급의 가압소형 시스템(송전단 발전효율 48% 목표)의 개발이 진행되었다.

또한 2MW급 플랜트(내부개질방식, ERC사제)의 미국 Santa Clara시에서의 운전(1996~1997년), 그리고 독일에서의 250kW급의 1999년부터의 10,000시간 이상의 발전 운전을 거쳐, 미국 FCE사는 250kW의 PRE-상용기를 개발했다. 그리고 300kW급, 1.5MW급, 3MW급의 라인업을 계획했다. 2001년에는 250kW급 소형 시스템(발전 효율 47% 목표)이 일본을 비롯해 로스앤젤레스 시영수도전력공사 외에 여러 대가 시험적으로 납입되었다. 앞으로는 가스 터빈과의 조합에 의한 10~50MW급의 복합발전도 목표로 하고 있다.

용융탄산염형 국내 동향

현재 연료전지 시장은 전 세계적으로 연평균 80% 이상의 높은 성장세를 보이고 있다. 정부도 2018년까지 글로벌 연료전지 시장규모가 60억 달러까지 확대될 것으로 보고, 2009년 1월 향후 대한민국을 이끌 22개 신성장동력 중 연료전지발전 시스템을 선정했다. 2018년까지 전 세계 시장의 40%를 점유하고, 9대 국가 수출산업으로 키워 낸다는 계획이다.

2007년 연료전지 사업 시작 이후 현재까지 국내 16개 지역에 총 40MW 규모의 연료전지를 설치해 가동 중이다. 이는 연간 동탄신도시 규모의 5만 가구가 사용하는 전기와 1만 7,000가구가 사용할 수 있는 열을 생산하는 규모이다. 특히 2011년 3월에는 핵심설비인 발전기 제조공장을 준공해 연간 100MW 규모의 연료전지를 자체 생산할 수 있는 체제를 갖추었으며, 2013년까지 경기 화성 발안산업단지에 세계 최대 규모인 총 60MW 규모의 연료전지 발전소를 설치하기로 했다.

그러나 P사가 독점한 발전용 연료전지 시장에 다른 국내기업들도 적극 뛰어들고 있어 경쟁체제가 조성될 조짐을 보이고 있다. D사는 국책과제와 자체개발을 통해 현재 P사가 독점하고 있는 용융탄산염형 연료전지(MCFC ; Molten Carbonate Fuel Cell) 분야에 도전장을 내밀었다. 300kW급을 상용화하고 향후 용량을 다양화한다는 전략이다. (*주 : P사 – 포스코파워, D사 – 두산중공업)

MCFC의 개질방식

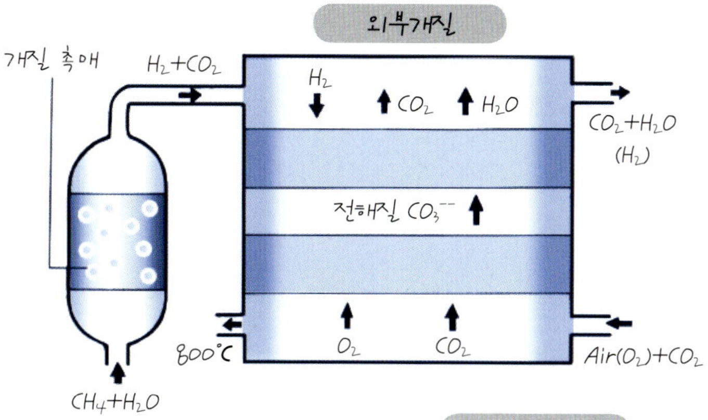

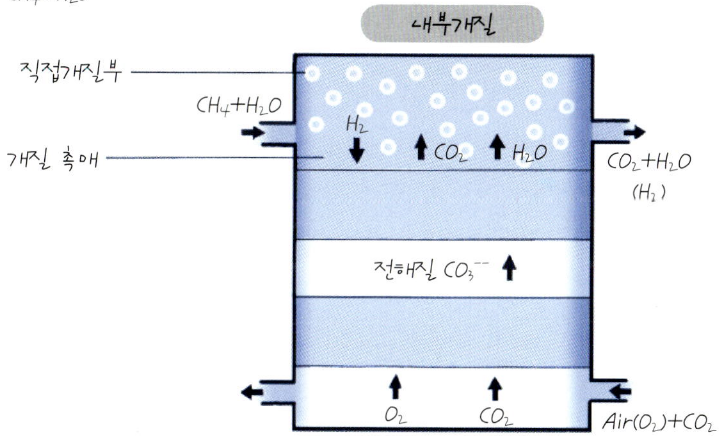

외부개질

내부개질

■ 플랜트 완성 예상도
① 250kW급 스택
② 개질기
③ 순환 블로어
④ 터빈 압축기
⑤ 정열감식 보일러
⑥ 중앙제어식

카와조시 1,000kW급 플랜트

요점 BOX

- 가스 터빈과의 복합발전
- 내부개질에 의한 시스템 간소화
- 석탄가스를 사용할 수 있다.

17 고체산화물형의 발전원리

개질기가 필요 없는 연료전지

고체산화물형 연료전지(SOFC)는 전해질에 세라믹 지르코니아와 소량의 이트륨을 첨가한 Yttria Stabilized Zircornia(YSZ)를 이용한다. 지르코니아에 이트륨을 첨가하는 것에 의해 산화물 이온의 전도성이 좋아지고, 체적변화도 일어나지 않게 된다(이것을 **안정화**라고 한다). 이 전해질을 1,000℃ 정도의 고온으로 하면 산화물 이온이 고체 속을 쉽게 이동된다.

다음의 위쪽 그림처럼 연료극에서는 연료인 수소와 공기극으로부터 전해질 속을 이동해 온 산화물 이온이 반응하여 물과 전자가 발생한다. 공기극에서는 산소와 외부회로를 통하여 이동해 온 전자가 반응하여 **산화물 이온**이 된다. 전체적으로 SOFC에서 일어나는 반응도 다른 연료전지와 마찬가지이며, 수소와 산소로부터 물이 생기는 반응이다.

전극은 양극 모두 가스가 잘 통하는 **다공질체**로 만들었다. 연료극에는 전해질인 YSZ와의 열팽창률의 차가 작은 금속의 니켈과 지르코니아와의 혼합물이 사용되며, 공기극에는 전자전도성이 좋은 고온에서 안정한 Lanthanum Strontium Manganite이나 Lanthanum Strontium Cobaltite가 이용된다. SOFC는 운전 온도가 높기 때문에 촉매는 사용할 필요는 없고, 연료는 천연가스, 메탄올, 나프타 외 일산화탄소를 포함한 석탄가스도 이용 가능할 정도로 선택범위가 넓다. SOFC는 MCFC와 마찬가지로 운전 온도가 높기 때문에 배열을 이용하기 쉽고, 전지 구성재료는 모두 고체로 되어 있으므로 간단하고 높은 발전 효율(60~70% 정도)이 기대가 된다.

그러나 SOFC에서는 구성재료가 고온에 노출되므로 전지 구성재료의 내구성이 큰 문제가 된다. 그 때문에 재료나 전지 구성 등에 대한 기초적인 연구를 아직도 필요로 한다.

SOFC에서는 반응 온도가 높기 때문에 내부개질도 가능하고, 고온의 배열을 이용한 보터밍 사이클(bottoming cycle)에서의 발전도 가능해진다. 다음의 아래쪽 그림에 SOFC 발전 시스템의 구성도를 나타내었다. SOFC는 중소규모의 연료전지 발전소로서, 또 미래의 소형 정치용이나 이동용 전원으로서도 기대가 되고 있다.

- 전하담체는 산화물 이온
- 운전 온도는 1,000℃
- 여러 연료의 사용이 가능

Chapter 02 연료전지의 기본

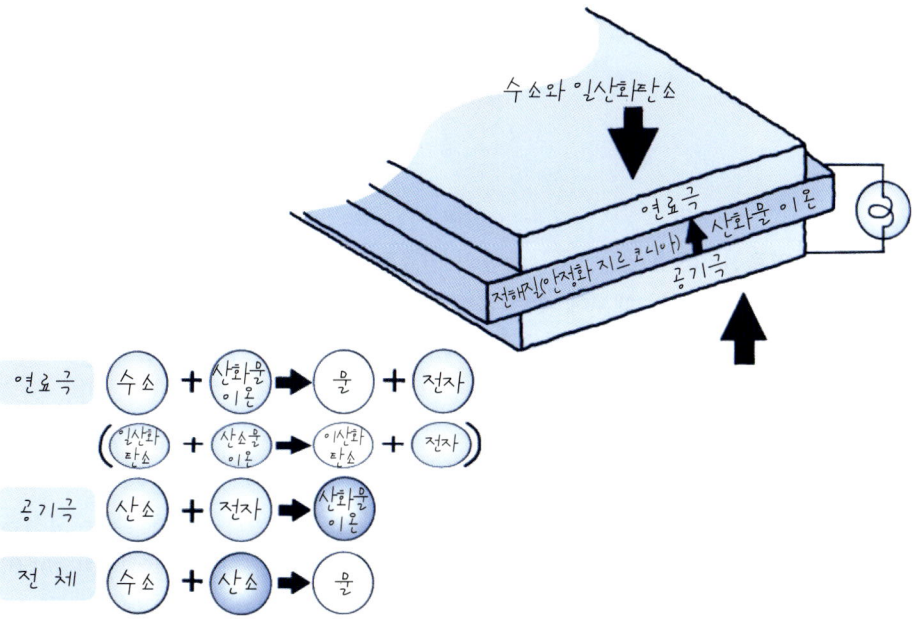

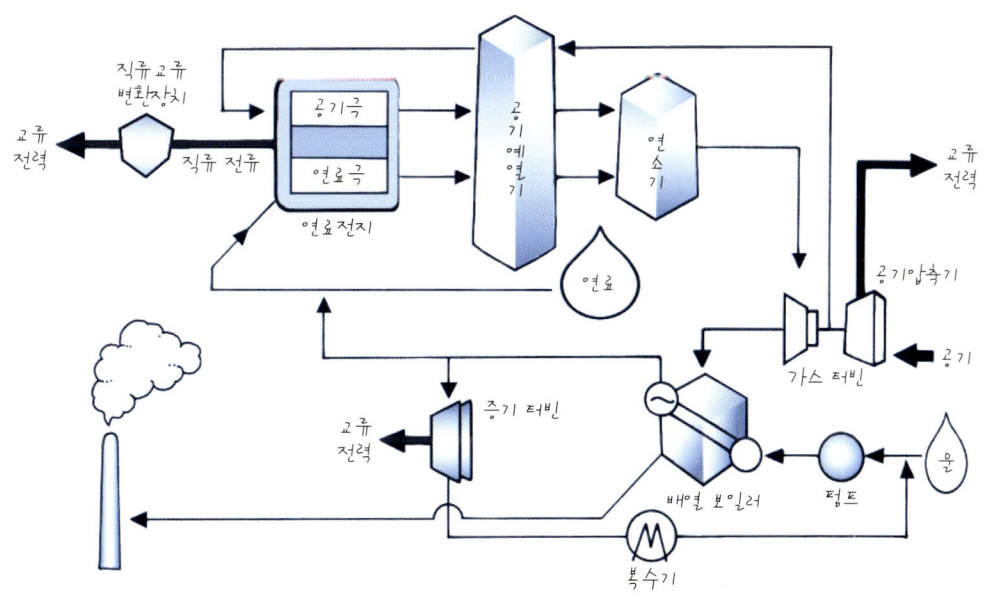

용어해설

내부개질 : 연료전지 안에서 외부에서부터 공급되는 연료의 개질을 시행하는 것
보터밍 사이클(bottoming cycle) : 전체 시스템 안에서 연료전지로 발전한 후, 배열을 이용하여 가스 터빈과 증기 터빈에서 발전하는 사이클을 말함

19 도시가스로부터 수소를 만들어 내는 개질기
수증기 개질방식이나 부분산화방식

연료전지에서 사용되는 수소는 개질기를 사용하여 도시가스나 LPG와 같은 탄화수소나 메탄올 등의 알코올 종류로부터 만들어진다.

개질기 내에서 메탄은 촉매의 존재 하에서 수증기와의 반응으로 수소 및 일산화탄소로 개질된다. 이 반응은 큰 흡열반응이기 때문에 외부로부터 반응열을 공급할 필요가 있다. 일반적으로는 개질기 버너로 사용되는 연료나 전지 연료극 배기가스를 태움으로써 공급하고 있다. 개질기는 **이중관을 이용한 구조**가 많이 채용되고 있으며, 개질관 바깥쪽에서 가열하여 안쪽의 촉매층에 열을 공급하는 것에 의해 촉매층에서 개질반응이 진행된다. 촉매층 내에서는 다시 CO 변성반응이 거의 평형상태까지 진행되고, 일산화탄소로부터 수소와 이산화탄소가 생성된다.

도시가스나 LPG에는 부취제로서 유황화합물이 첨가되어 있는데, 이 유황화합물은 개질 촉매의 피독이 되어 개질성능 저하의 큰 요인이 된다. 그 때문에 개질기에 들어가기 전에 탈황기를 설치하여 제거하고 있다.

한편, 개질기 출구의 개질가스에는 고농도의 일산화탄소가 함유되어 있다. 이 일산화탄소는 전지 촉매(백금 촉매)의 피독이 되어 성능저하를 초래하기 때문에, 전지 입구에서 개질가스 속의 일산화탄소는 일산화탄소 변성기에 의해 인산형 연료전지의 경우는 약 1% 이하까지 저감되고 있다. 그리고 인산형과 비교해 작동 온도가 낮은 고체고분자형에서는 일산화탄소의 영향이 현저하여, 개질가스 속의 일산화탄소 농도는 10ppm 정도까지 저감될 필요가 있다.

개질방식에는 **수증기 개질방식** 외에 외부로부터의 열공급이 필요 없는 **부분산화방식** 또는 두 방식의 중간적 성격인 **ATR(오토서멀)방식**이 있으며 효율, 기동시간, 가격 등이 다르기 때문에 각각의 목적에 맞춰서 사용할 필요가 있다. 수증기 개질방식은 개질 효율이 높고, 부분산화방식은 기동시간이 짧다는 특징을 가지고 있다.

- 등유나 가솔린으로부터도 수소가 생긴다.
- 개질반응은 큰 흡열반응
- 촉매는 유황 피독이나 탄소 석출로 성능이 열화

Chapter 02 연료전지의 기본

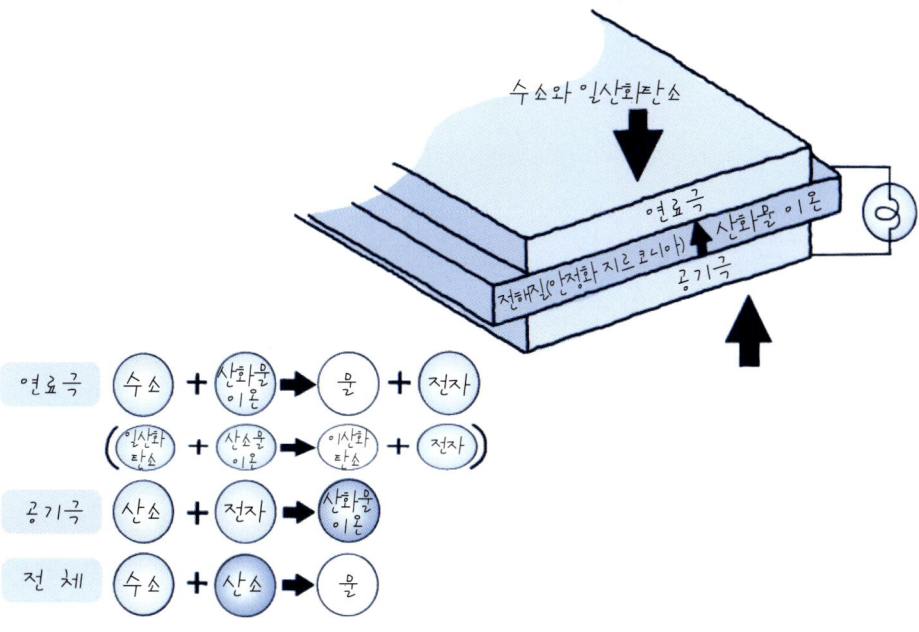

SOFC의 원리도와 각 극에서의 반응

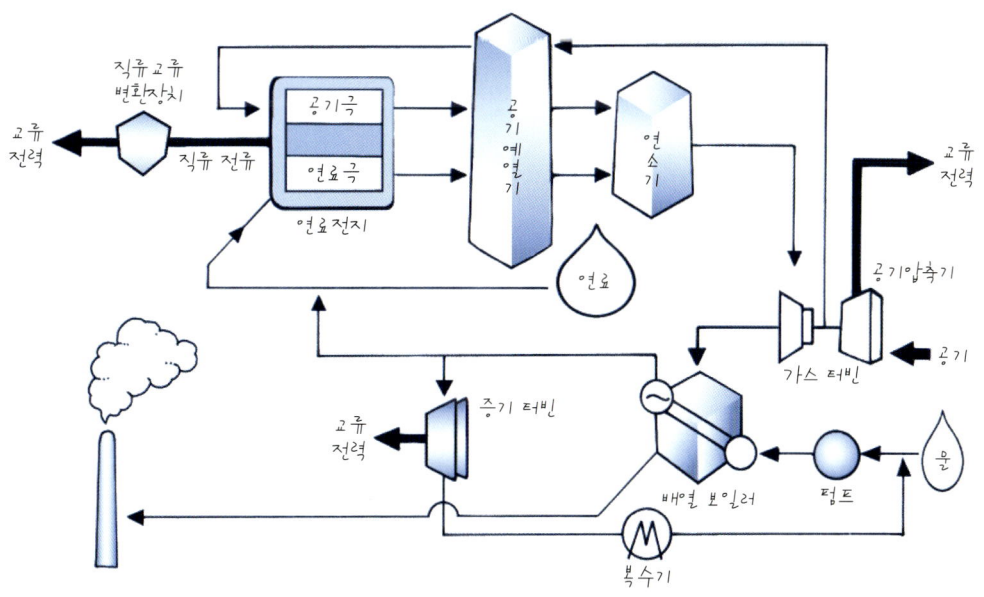

SOFC의 발전 시스템의 기본 구성

용어해설

내부개질 : 연료전지 안에서 외부에서부터 공급되는 연료의 개질을 시행하는 것

보터밍 사이클(bottoming cycle) : 전체 시스템 안에서 연료전지로 발전한 후, 배열을 이용하여 가스 터빈과 증기 터빈에서 발전하는 사이클을 말함

43

18 대규모 발전과 소형 전원을 목표로 하는 고체산화물형

화력발전 대체용으로 개발

    고체산화물형 연료전지(SOFC)는 다른 종류의 연료전지와 비교하여 고온(900~1,000℃) 작동으로 다음과 같은 특징을 가지기 때문에 수백 kW~수 MW 레벨의 **화력발전 대체용의 개발**이 진행되어 왔다. ① 단체(團體)의 발전 효율은 40~50%이고, 가스 터빈이나 증기 터빈 등의 보터밍 사이클(bottoming cycle)과의 조합에 따라 60~70%가 넘는 높은 발전 효율을 기대할 수 있다. ② 석탄가스 등 CO를 포함하는 가스를 사용할 수 있다. ③ 구성요소가 모두 고체이므로 전해질의 증발이나 유출이 없고, 그에 따른 성능저하가 없다.

    SOFC 스택에는 원통형과 평판형이 있고, 대규모 전원용으로 사용되는 **원통형**에는 고전류 타입의 세로 원통형과 고전압의 가로 원통형이 있다. 이러한 원통형의 특징으로 **복잡하고 가격이 비싸**지만, **가스 실**(gas seal) **성능이 뛰어나다**는 이점이 있다. 이중 세로 원통형의 셀로서 100kW의 실증시험에 성공하였는데, 지름 22mm × 길이 1.5m의 튜브상전지가 1,152개 조립되어 천연가스 연료로 상압 운전되는데, 시스템 발전 효율 46%와 누적 운전시간 16,000시간 이상의 실적이 있으며, SOFC 모듈을 가압 동작하여 마이크로 가스 터빈을 구동시켜서 220kW의 복합 시스템 시험을 하고 있어서 초고효율 발전의 실현을 가능케 하고 있으며, 5kW 규모의 소용량 고효율 전지 모듈과 음극을 지지체로 하는 세로 원통형 타입도 개발 중이다.

    또한 고전압 타입의 가로 원통형은 한쪽이 폐관된 다공성의 지지관 위에 전지의 구성재료(연료극, 전해질, 공기극, 인터커넥터)의 막과 금속 인터커넥터의 산화방지층을 형성시켜 제작되는데, 한 개의 관 위에 복수의 단전지가 직렬로 연결되는 구조이다.

    한편, 평판형 전지는 단전지와 인터커넥터를 교대로 적층시킨 것으로, PAFC, PEFC 또는 MCFC와 기본적으로 동일한 구조인데, 평판형은 원통형에 비해서 **높은 출력 밀도**가 기대되어 **시스템의 소형화**에 유리하다. 평판형에는 자립막형과 지지막형이 있는데, 자립막형은 전해질로서 백 미크론(μ) 오더의 판을 이용하고 지지막형은 수십 미크론(μ)의 박막을 이용한다.

    구미나 일본에서 평판형 SOFC의 개발에 집중하고 있으며, 원통형보다도 소용량 역할이 고려되고 있다. 평판 모양이나 딤블 모양 전지는 높은 출력 밀도가 기대되어 개발이 활발하게 진행되고 있는데, 일본에서는 2kW, 5kW급에 이어 15kW의 실증 시스템 운전에 성공하고 있으며, 1~2kW 정도의 소규모 열 자립을 목표로 하는 시스템을 개발 중으로 배열 이용에 중점을 둔 가정용 코제너레이션으로서 현장시험 중이며, 동작 온도를 저온화시킨 지지막식 전지의 개발경쟁도 활발하다.[*출처 : 고체산화물형 연료전지(SOFC)의 연구개발(2004년 6월)]

SOFC의 스택 구조

200kW SOFC/가스 터빈 복합 시스템

● 원통형 SOFC의 일반적 구조

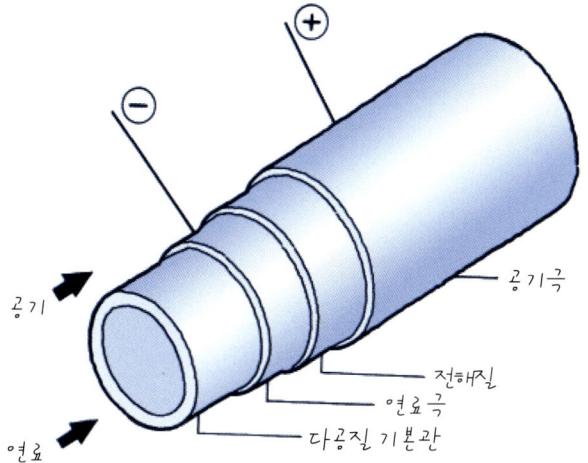

(+) (-) 공기, 연료, 공기극, 전해질, 연료극, 다공질 기본관

● 평판형 SOFC의 일반적 구조

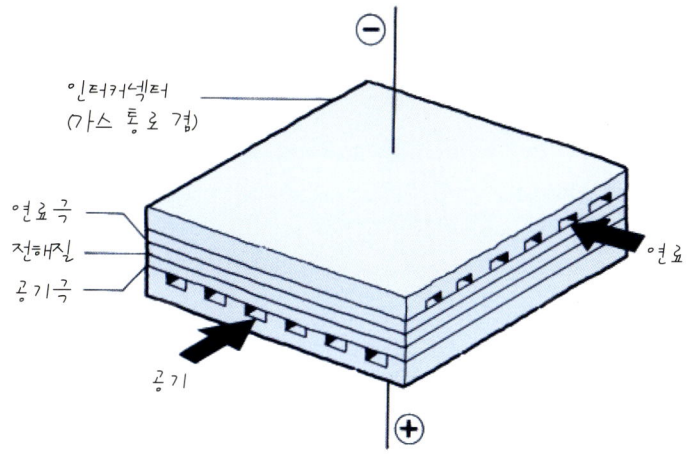

인터커넥터 (가스 통로 겸), 연료극, 전해질, 공기극, 연료, 공기

요점 BOX
- 평판형으로 소형화를 실현
- 전지 성능의 열화가 작다.
- CO_2의 농축이 가능

19 도시가스로부터 수소를 만들어 내는 개질기
수증기 개질방식이나 부분산화방식

연료전지에서 사용되는 수소는 개질기를 사용하여 도시가스나 LPG와 같은 탄화수소나 메탄올 등의 알코올 종류로부터 만들어진다.

개질기 내에서 메탄은 촉매의 존재 하에서 수증기와의 반응으로 수소 및 일산화탄소로 개질된다. 이 반응은 큰 흡열반응이기 때문에 외부로부터 반응열을 공급할 필요가 있다. 일반적으로는 개질기 버너로 사용되는 연료나 전지 연료극 배기가스를 태움으로써 공급하고 있다. 개질기는 **이중관을 이용한 구조**가 많이 채용되고 있으며, 개질관 바깥쪽에서 가열하여 안쪽의 촉매층에 열을 공급하는 것에 의해 촉매층에서 개질반응이 진행된다. 촉매층 내에서는 다시 CO 변성반응이 거의 평형상태까지 진행되고, 일산화탄소로부터 수소와 이산화탄소가 생성된다.

도시가스나 LPG에는 부취제로서 유황화합물이 첨가되어 있는데, 이 유황화합물은 개질 촉매의 피독이 되어 개질성능 저하의 큰 요인이 된다. 그 때문에 개질기에 들어가기 전에 탈황기를 설치하여 제거하고 있다.

한편, 개질기 출구의 개질가스에는 고농도의 일산화탄소가 함유되어 있다. 이 일산화탄소는 전지 촉매(백금 촉매)의 피독이 되어 성능저하를 초래하기 때문에, 전지 입구에서 개질가스 속의 일산화탄소는 일산화탄소 변성기에 의해 인산형 연료전지의 경우는 약 1% 이하까지 저감되고 있다. 그리고 인산형과 비교해 작동 온도가 낮은 고체고분자형에서는 일산화탄소의 영향이 현저하여, 개질가스 속의 일산화탄소 농도는 10ppm 정도까지 저감될 필요가 있다.

개질방식에는 **수증기 개질방식** 외에 외부로부터의 열공급이 필요 없는 **부분산화방식** 또는 두 방식의 중간적 성격인 **ATR(오토서멀)방식**이 있으며 효율, 기동시간, 가격 등이 다르기 때문에 각각의 목적에 맞춰서 사용할 필요가 있다. 수증기 개질방식은 개질 효율이 높고, 부분산화방식은 기동시간이 짧다는 특징을 가지고 있다.

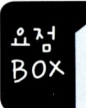

- 등유나 가솔린으로부터도 수소가 생긴다.
- 개질반응은 큰 흡열반응
- 촉매는 유황 피독이나 탄소 석출로 성능이 열화

개질기의 구조

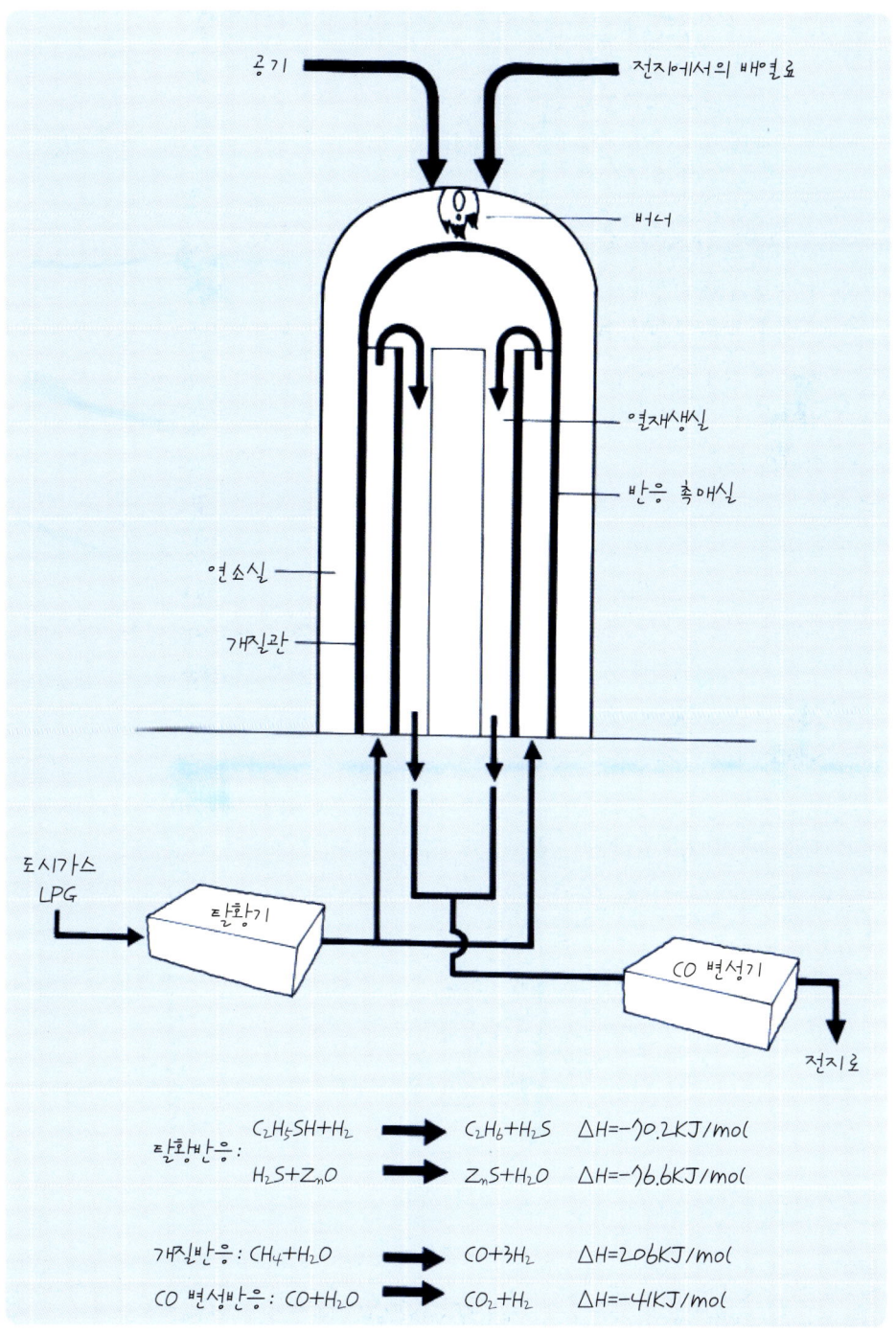

탈황반응: $C_2H_5SH + H_2 \rightarrow C_2H_6 + H_2S \quad \Delta H = -70.2 KJ/mol$

$H_2S + Z_nO \rightarrow Z_nS + H_2O \quad \Delta H = -76.6 KJ/mol$

개질반응: $CH_4 + H_2O \rightarrow CO + 3H_2 \quad \Delta H = 206 KJ/mol$

CO 변성반응: $CO + H_2O \rightarrow CO_2 + H_2 \quad \Delta H = -41 KJ/mol$

전력을 안정된 전압과 주파수로 공급

직류를 교류로 바꾸는 인버터

연료전지에서 발생하는 전력은 직류 전력이며, 그대로는 일반기기에 이용이 불가능하다. 그 때문에 인버터라는 변환기를 이용하여 이용하기 쉬운 교류 전력으로 변환하는 것이 일반적이다. **인버터**는 IGBT(Insulated Gate Bipolar Transistor)나 GTO(Gate Turn Off Thyristor) 등의 스위칭 소자를 이용하여 전지에서 발생하는 직류 전력을 교류 전력으로 변환한다.

변환된 교류 전력은 출력 변압기로 승·강압되어 부하로 공급된다. 운전방식은 상용전력계통으로 동기(同期)하여 전력을 공급하는 **계통연계운전** 또는 특정 부하에만 전력을 공급하는 **자립운전(정전압, 정주파수운전)**, 혹은 쌍방의 운전을 수행할 수 있는 방식이 채용되고 있다. 이러한 운전방식 중에서도 일반적인 방식은 계통연계운전이며, 자립운전은 계통이 정전되고 있는 동안 등의 백업 전원으로 사용되고 있다.

또한 운전제어는 계통연계운전에서 상용전력계통의 전압을 동기신호로서 인버터의 출력전압 진폭과 위상을 제어하고, 소정의 유효 전력과 무효 전력을 출력한다. 자립운전에서는 내장한 발신기를 동기신호원으로 출력 전압과 주파수를 일정하게 유지한다. 인버터의 보호 항목으로는 직·교류 과전압, 직·교류 부족전압, 교류과전류, 교류주파수 이상 등이 있다. 계통연계의 경우에는 전력계통정지 시에 온사이트용 연료전지가 계통으로부터 신속하게 해열(解列)될 필요가 있어 단독운전 방지장치가 구비되어 있다.

이처럼 온사이트용 연료전지에서는 패키지 속에 인버터가 내장되어 있으므로, 엔진발전기처럼 엔진의 회전수에 따라 전압·주파수가 변동하는 것이 없고, 상시 안정된 전압과 주파수의 전력공급이 가능하다. 이러한 특징을 살려 사이리스터(thyristor) 스위치나 쌍방향 인버터와의 조합으로 고품질 전원 시스템을 구축할 수 있으며 시장 확대를 기대하게 만든다.

- 스위칭 소자에 의한 직·교류 변환
- 계통연계도 자립운전도 가능
- 고품질 전원을 공급

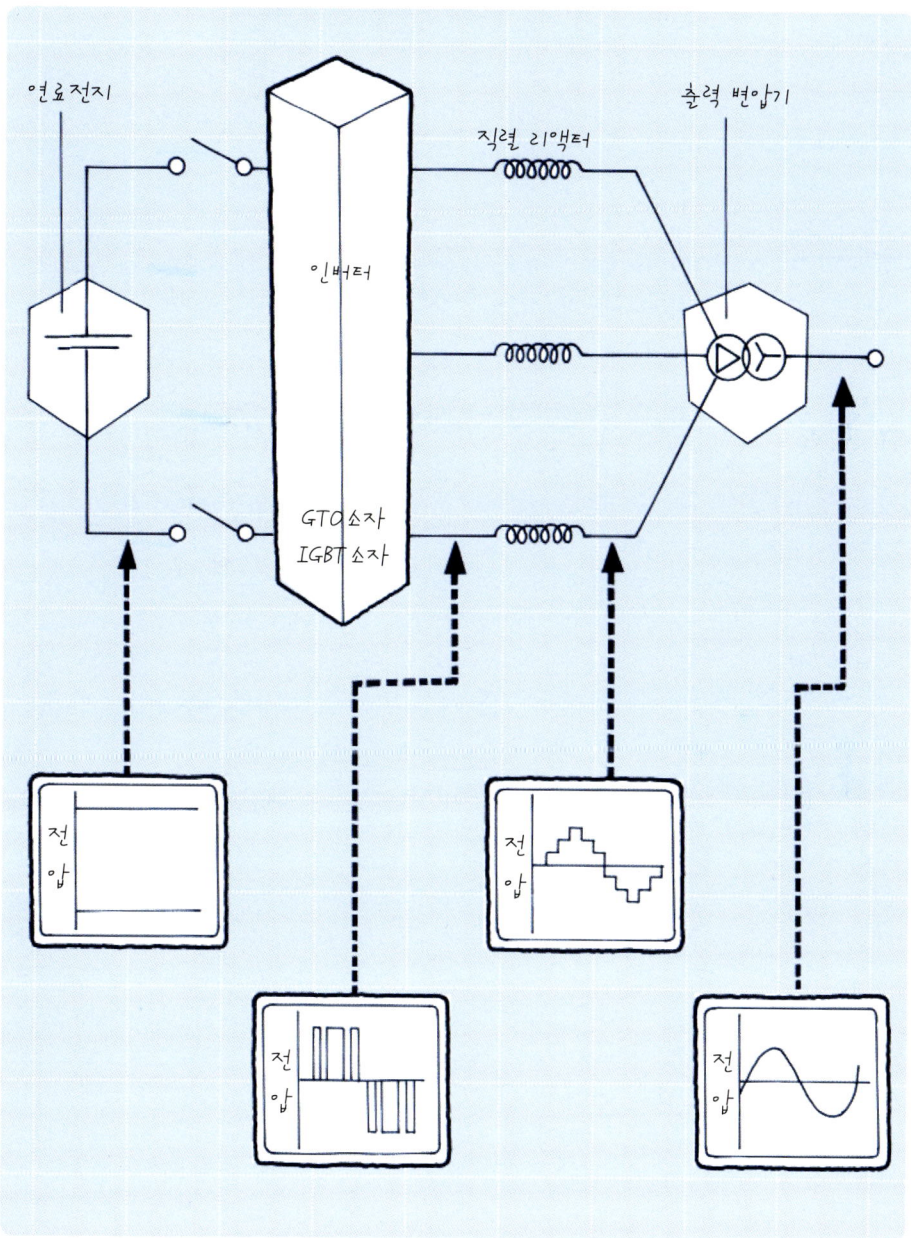

용어해설

부하 : 전력을 사용(소비)하는 기기
계통연계 : 발전설비가 적용전력계통에 접촉된 상태에서의 운전
해열 : 적용전력계통 또는 발전설비에 이상이 발생한 경우에 적용전력계통에서 분리하는 것

21 연료전지발전 시스템

7가지의 서브시스템으로 구성

연료전지발전 시스템의 구성에 대해 인산형 연료전지를 예로 들어 설명하겠다. 다른 종류의 연료전지도 거의 같은 시스템으로 구성되어 있고, 다음의 주요 7가지의 서브시스템으로 구성되어 있다.

① **연료처리 서브시스템** : 도시가스나 프로판 등의 원연료로부터 전지에서 필요로 하는 수소를 제조하기 위한 시스템이다. 원연료가스 속의 유황분을 제거하는 탈황기, 탄화수소를 수소로 바꾸는 개질기, 개질가스 속의 일산화탄소를 수소로 바꾸는 일산화탄소 변성기(CO 변성기)로 구성되어 있다.

② **공기공급 서브시스템** : 공기 블로어(blower)나 압축기를 이용하여 전지의 공기극 및 개질기 연소 버너로 공기를 공급한다.

③ **전지 서브시스템** : 외부로부터 공급되는 수소와 산소(공기)와의 전기화학반응에 따라 직류 전력이 발생한다.

④ **전력변환 서브시스템** : 전지에서 발생한 직류 전력을 인버터에 의해 교류 전력으로 변환하여 계통에 공급한다.

⑤ **전지냉각 서브시스템** : 전지에서의 전기화학반응에 따른 발생열을 제거하고, 전지의 동작 온도를 적절하게 유지한다. 또한 제거된 배열은 온수, 고온수, 증기 등의 형태로 추출되어, 난방이나 냉방용으로 이용한다.

⑥ **물처리 서브시스템** : 전지의 공기극은 배기가스나 개질기 버너에서의 연소배기가스로부터 회수된 물을 이온교환수지 등으로 정화하여 전지냉각 서브시스템으로 공급한다.

⑦ **제어 서브시스템** : 각 서브시스템을 제어하여 기동, 발전, 정지 및 경보·보호를 전자동으로 수행한다.

또한 기동·정지 시에 가연가스나 공기를 질소 퍼지(purge)할 때에 사용하는 퍼지 서브시스템이나 패키지를 환기하는 환기 서브시스템으로 구성되어 있으며, 고효율이고 안전한 시스템으로 되어 있다.

- 고효율 전열병급 시스템
- 다양한 연료를 이용할 수 있는 시스템
- 시퀀스 제어에 의한 기동·정지

인산형 연료전지 시스템의 기본 구성

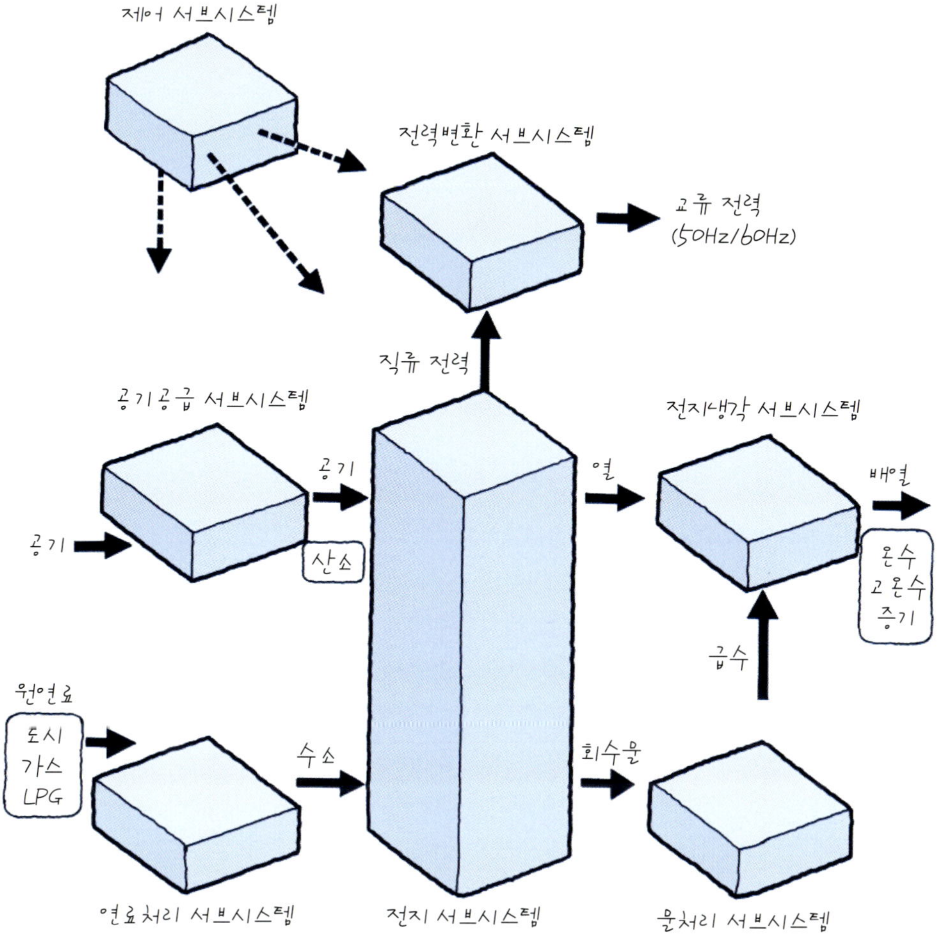
제어 서브시스템
전력변환 서브시스템
교류 전력
(50Hz/60Hz)
직류 전력
공기공급 서브시스템
공기
공기
산소
전지냉각 서브시스템
열
배열
온수
고온수
증기
급수
원연료
도시
가스
LPG
수소
회수물
연료처리 서브시스템
전지 서브시스템
물처리 서브시스템

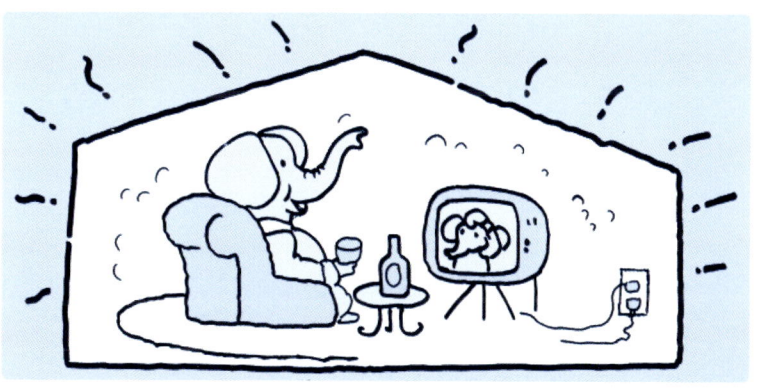

주요 구성기기와 기능

22 컴팩트한 패키지

온사이트용 연료전지 발전장치는 수송이 용이하도록 패키지(package)되어 있으며, 실내·실외 어디라도 설치가 가능하다. 패키지라고 하는 **큐비클**(cubicle)에 도시가스로부터 수소를 만들어, 수소와 산소의 전기화학반응으로 직류 전력을 발생시키고, 교류로 변환하여 계통에 공급하는 모든 기기가 납입되어 있다. 인산형 200kW 연료전지를 예로 들어 패키지 내의 주요 구성기기와 기능을 설명한다.

- **탈황기** : 도시가스 속에 부취제로서 포함되어, 개질기에서 촉매 피독이 되는 유황분을 제거한다. 일반적으로 Ni-Mo계와 ZnO 촉매의 조합으로 사용되고 있다.
- **개질기** : 도시가스나 LPG로부터 개질반응에 의해 수소가 충만한 가스를 만들어 내는 반응기로, 이 반응에는 Ni계나 Ru계 촉매가 많이 사용되고 있다.
- **CO 변성기** : 개질가스 속에 포함되어 전지 백금 촉매의 피독이 되는 일산화탄소(CO)를 수소와 이산화탄소(CO_2)로 바꾸는 반응기로, Cu-Zn 촉매가 사용되고 있다.
- **전지 스택** : 연료(H_2)와 산화제(O_2)를 외부에서 연속 공급하는 것에 의해 발전을 계속할 수 있는 셀 적층체이다.
- **수증기 분리기** : 전지에서 냉각수를 회수하여 개질반응이나 흡수식 냉온수기용의 증기를 빼낼 수 있다.
- **인버터** : 전지에서 발생하는 직류 전력을 교류로 변환하여 계통이나 독립부하에 공급한다.
- **물회수 열교환기** : 전지의 캐소드 배기 및 개질기의 연소배기를 냉각함으로써, 가스 속에 포함된 물을 회수함과 동시에 배기가 가지는 열을 온수배열로 회수한다.
- **제어장치** : 시스템의 기동·정지나 부하조작을 수행하는 장치로, 계획·제어기기 및 컴퓨터로 구성되어 있다.
- **보조기기** : 주요기기에 연료, 공기나 물을 공급하는 펌프, 블로어(blower) 등으로 구성되어 있다.

- 수송·설치 고정이 용이한 패키지 구조
- 옥외설치에 따른 설치 고정 공사비의 저감
- 안전성, 유지·보수성을 고려한 기기 배치

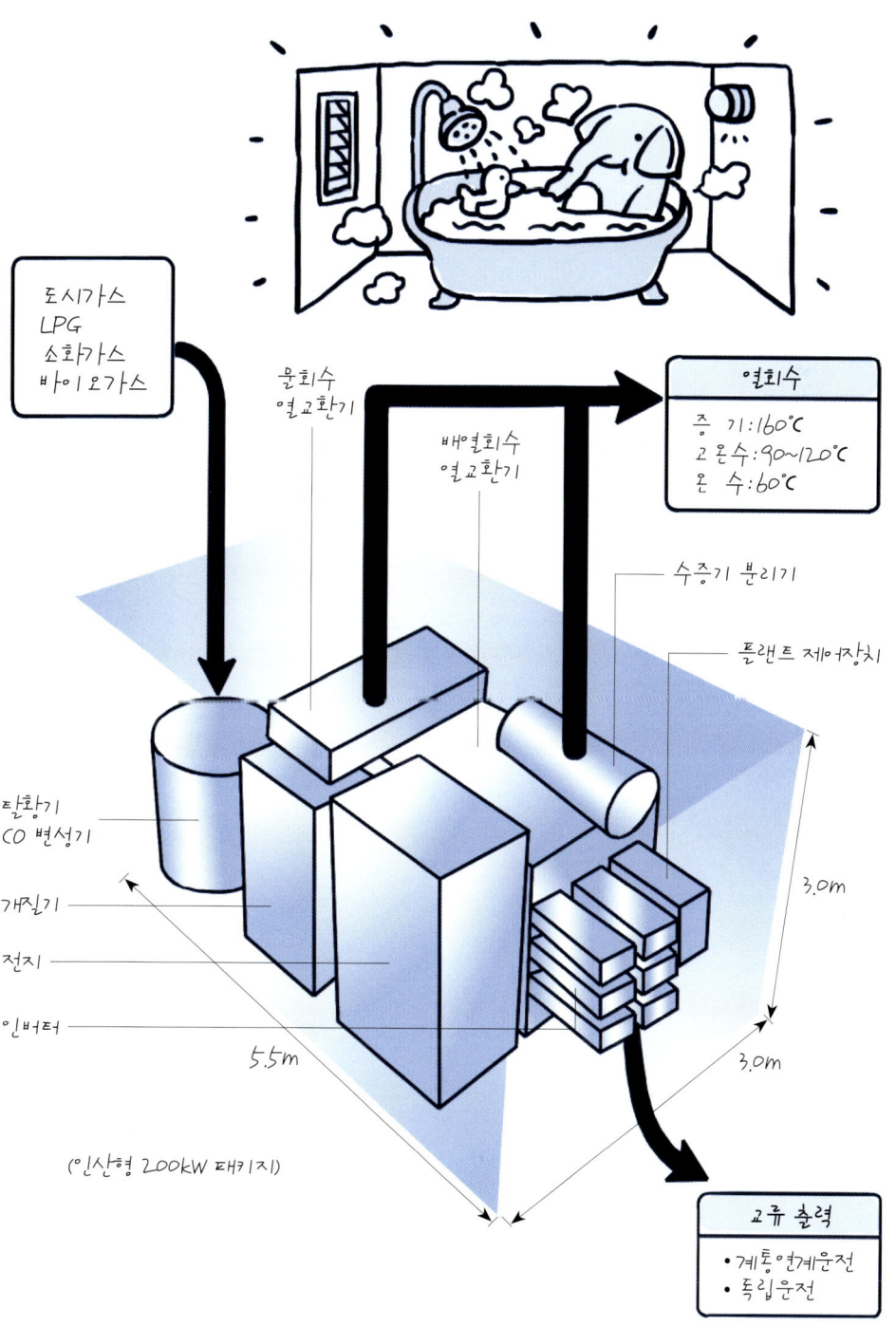

연료전지의 효율

연료전지에서 어느 정도의 전기에너지를 얻을 수 있는지 생각해 보자. 수소(기체)와 산소(기체)가 1기압, 25℃의 상태에서 반응하여 1mol의 물(액체)이 생성될 때 방출되는 모든 반응열은 286kJ(68kcal)이다. 이 중 237kJ은 기계적 에너지나 일로 바뀌고, 나머지 49kJ은 열이 되어 전기에너지로 추출할 수는 없다. 따라서 수소를 연료로 하는 연료전지의 경우, 이론적인 발전 효율은 (237kJ/286kJ)×100, 즉 약 83%가 되고, 이때의 기전력은 약 1.23V가 된다. 그렇지만 전류를 추출하려고 하면 연료전지 내부의 여러 저항 때문에 전압이 저하되므로 실제로 얻을 수 있는 전기에너지도 적어지고, 발전 효율도 저하된다. 다음 그림은 전압과 전류밀도와의 관계를 나타낸다. 연료전지의 내부저항을 줄이고, 전류밀도-전압곡선(실선)을 위로 올리면 올릴수록 연료전지의 출력을 올릴 수 있다.

● 에너지 변환과 연료전지의 전류밀도-전압 특성과의 관계

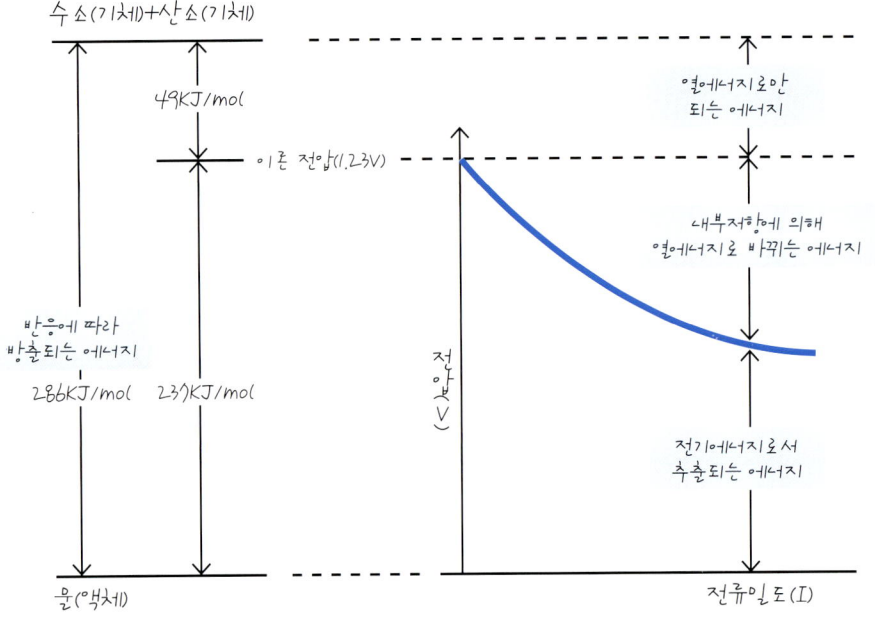

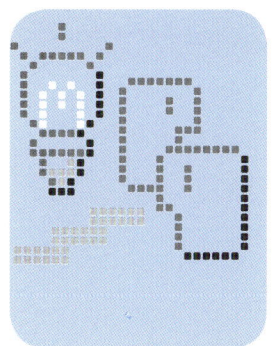   

일상생활을 지원하는 연료전지

23_ 깨끗하며 고효율인 발전 시스템
24_ 가반(可搬型 : portable type)용 250W부터 전력용 11,000kW까지
25_ 하수처리장/맥주공장에서 발전이 이루어지고 있다
26_ 음식물쓰레기가 전기로 재탄생
27_ 병원이나 호텔에서의 코제너레이션 시스템
28_ 직류로부터 살균제를 만들 수 있다
29_ 화재 시에 샤워를 할 수 있다
30_ 정전이 없는 전력공급 시스템
31_ 이벤트회장에 자동판매기를 설치
32_ 전기가 나오는 급탕기
33_ 휴대전화나 컴퓨터의 전원에도 사용된다
34_ 마이크로 코제너레이션과의 경합

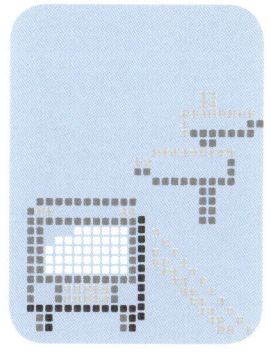

환경문제를 해결하는 연료전지
깨끗하며 고효율인 발전 시스템

에너지는 인류가 번영하기 위해서는 꼭 필요하다. 현재 화석연료(화학에너지)를 여러 에너지의 형태로 변환하여 이용하고 있다. 그러나 그 대가로서 지구온난화, 환경오염, 화석연료의 고갈과 같은 여러 가지 문제가 발생하고 있다.

지구의 온난화는 메탄이나 이산화탄소 등의 **온실효과가스**의 배출이 주된 원인이다. 다음의 위쪽 그림은 국내에서의 이산화탄소 배출량의 부문별 내역을 나타내었다. 이들 각 부문에서의 이산화탄소 배출 억제는 매우 중요한 과제이다. 이산화탄소의 배출을 저감하기 위해서는 환경영향이 적은 새로운 에너지의 도입 촉진과 에너지절약이 매우 중요하다. 전자에는 태양광, 풍력, 지열 등의 깨끗한 재생 가능한 자연에너지의 이용이 있다. 한편, 후자에는 신형전지나 연료전지 등의 보급이 있다. 연료전지는 발전 효율이 높고(40~60%), 또한 소비되는 곳에 설치할 수 있기 때문에 송전손실이 없으며 코제너레이션용으로서도 적합하기 때문에 에너지절약 효과를 가장 기대할 수 있는 깨끗하며 고효율인 발전 시스템이다.

다음의 아래쪽 그림은 예로서 가정에 연료전지를 도입한 연료전지 코제너레이션 시스템과 기존 형태의 시스템을 비교한 것이다. 같은 양의 전기·열에너지를 얻는데, 연료전지 코제너레이션 시스템을 이용한 경우를 100으로 하면 기존 형태의 시스템의 경우에서는 150이 되어, 가정에서 내는 이산화탄소를 최대 30% 삭감할 수 있다. 그리고 화력발전소나 자동차 등의 화석연료의 연소에 의한 유황산화물(SO_x), 질소산화물(NO_x) 및 입자상태물질(PM)의 배출이 대기오염 등의 심각한 문제를 불러일으키고 있다.

연료전지는 대기오염물질인 SO_x나 NO_x의 배출량도 매우 적다. 연료 속의 유황분은 개질 촉매를 열화시키므로 제조공정에서 유황을 제거한다. 그 때문에 연료 속의 유황분은 거의 제로(0)이다. NO_x는 개질하는 단계에서 미량으로 발생하지만, 연료전지에서는 배출되지 않는다. 화력발전과 비교하여 연료전지발전에서 방출되는 NO_x량은 1/10 이하가 된다.

- 온실효과가스에 의한 지구온난화
- 유해물질에 의한 환경오염
- 환경에 친화적인 연료전지

Chapter 03 일상생활을 지원하는 연료전지

국내의 이산화탄소 배출량(2007년)

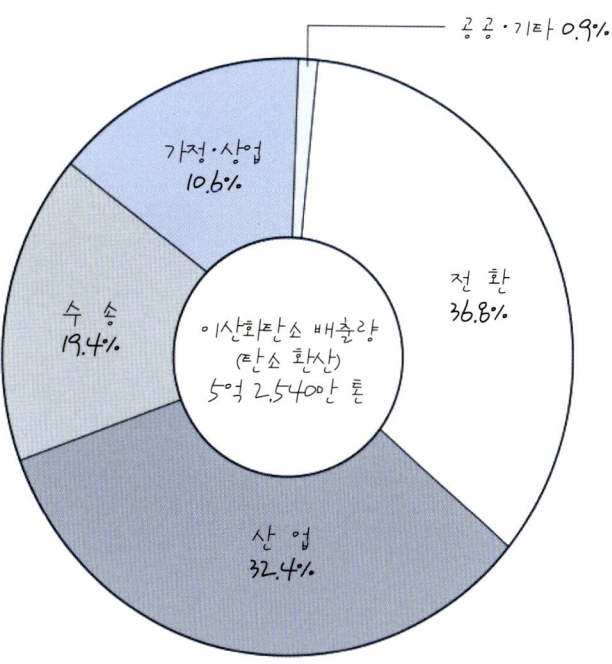

참고 : 2007년 국가온실가스 통계 보도자료

종래 시스템과 연료전지 코제너레이션 시스템과의 비교

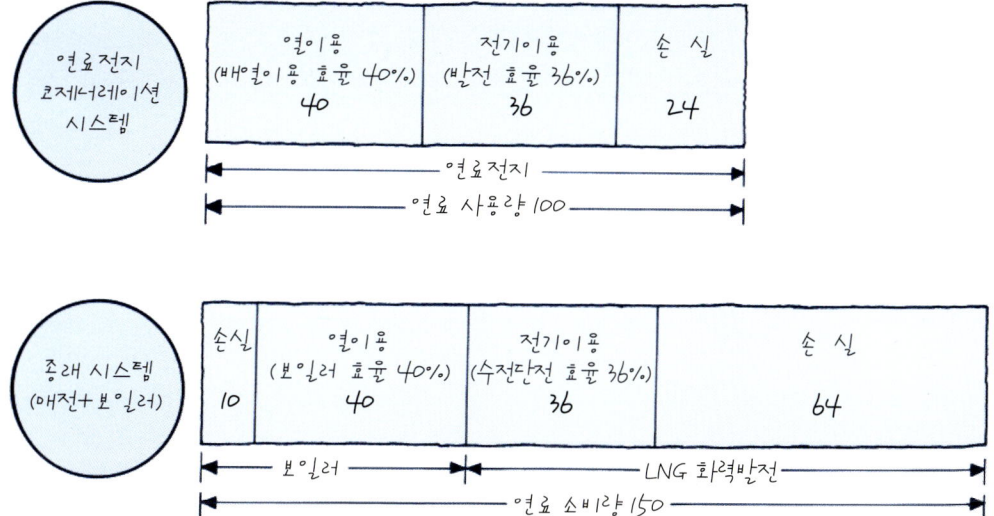

24 가반(可搬型: portable type)용 250W부터 전력용 11,000kW까지

인산형 개발의 추이

인산형 연료전지의 개발은 1967년 미국에서의 TARGET 계획으로 시작되었다. 이 계획 가운데서 온사이트용 12.5kW(PC11TM)의 필드시험이 실시되었고, 1977년부터는 GRI 계획으로 이어져, 온사이트용 40kW(PC18TM)의 실증시험이 이루어졌다.

한편, 일본에서는 1981년부터의 문-라이트 계획의 일환으로서 인산형 연료전지의 개발이 거론되고, 전력사업용의 가압형 1,000kW 플랜트가 개발되어, 1987년부터 1988년에 걸쳐 2플랜트가 운전되었다. 1988년에는 세계 최대인 도쿄전력(주) 고이(五井) 11MW 플랜트의 착공이 개시되어, 1991년에는 정격 11MW의 발전에 성공하고, 1997년까지 실증시험이 계속되어 가압형 연료전지의 과제를 극복하였다.

그 사이에 인산형 연료전지 개발의 주체는 배열을 유효하게 이용할 수 있고, 높은 총합 효율을 얻을 수 있는 온사이트용으로 이행되었다. 1986년부터는 문-라이트 계획 가운데서 온사이트용 200kW 플랜트 실증시험이 개시되고, 그 후 50kW, 100kW 플랜트도 개발되어 다수의 필드시험이 실시되었다. 그리고 1991년부터 문-라이트 계획 가운데 온사이트용으로 최대 1,000kW 플랜트의 개발이 이루어지고, 1994년부터 1998년까지 실증시험이 실시되어 인산형 연료전지에서는 가반용 250W의 패키지가 개발되었다.

환경에 친화적인 연료전지라고는 하지만 상품화에는 가격 및 성능(발전 효율)이 매우 중요하다. 현재 인산형 100kW와 200kW만이 상품화되고 있으며, 기존의 도시가스에 의한 빌딩이나 호텔에서의 코제너레이션 분야 외에 하수처리장에서의 오물처리, 맥주공장에서의 폐수처리, 음식물쓰레기처리, 분뇨처리 등에서 발생하는 메탄을 이용하는 환경분야나 고품질 전원 분야로 전개되고 있다.

- 연료전지기술은 우주용에서 민생용으로
- 인산형은 사업용에서 온사이트로
- 환경과 고품질 분야가 큰 시장으로

인산형 연료전지 개발의 변환

높은 발전 효율을 살린 화력 대체

화력대체용 11MW

고효율 화력의 출현

온사이트용 1,000kW

고종합 효율을 살린 온사이트용

온사이트용 200kW

시장확대에 의한 비용 절감

호텔, 병원, 공장에서 도입하기 쉬운 용량

깨끗하고 고효율점을 평가

25 하수처리장/맥주 공장에서 발전이 이루어지고 있다

하수처리장에서는 하수의 포기·침전처리에 의해 고농도의 유기물을 포함한 다량의 오염된 진흙이 발생한다. 이 오염된 진흙은 그대로 **소각하여 열원으로 사용하는 방법**과 **혐기성처리(메탄발효)**하여 메탄을 주성분으로 하는 소화가스(메탄 약 60%, 이산화탄소 약 40%)를 빼내는 방법이 있다. 국내의 하수처리장에서는 약 40%가 혐기성처리를 하고 있으며, 발생한 소화가스는 기존 보일러나 오염된 진흙의 소각 연료에 사용되고 있지만, 1980년대부터는 가스엔진 발전으로의 이용이 시작되었다.

그러나 일본에서는 최근에 환경규제와 에너지절약 의식의 고조로 소화가스의 고효율과 깨끗한 이용 시스템의 도입이 요구되고 있다. 이러한 상황 가운데서 요코하마시 하수도국에서는 1993년에 연료전지 도입 프로젝트를 발족시키고, 1996년부터는 실증시험을 개시하여 세계에서 최초로 소화가스에 의한 연료전지 발전에 성공한다. 이 성과를 이어받아 1999년 11월부터 북부 오니(汚泥)처리센터에서 인산형 200kW가 본격 가동을 개시하고 있고, 소화가스에는 미량의 황화수소, 염화물, 암모니아 등이 포함되어 있기 때문에 전처리장치(활성탄 등)에서 처리된 뒤 연료전지로 공급된다.

한편, 맥주공장에서는 맥주병이나 탱크의 세정에 다량의 물을 사용하고 있으며, 세정 후의 배수에는 맥주가 포함되기 때문에 배수부하가 크고, 배수설비에는 수량·부하 모두 높은 처리 능력을 필요로 하고 있다. 기존에는 호기성 미생물처리에 의한 활성 오니처리가 이루어지고, 침전과 여과된 오염된 진흙은 산업폐기물처리 되었다. 그러나 최근에 각 공장에서 **제로 이미션**(zero emission)화에 임한 상태에서 배수부하의 저감과 발생하는 오염된 진흙 저감을 목적으로 혐기성처리가 도입되어, 이 과정에서 바이오가스(메탄 약 70%, 이산화탄소 약 30%)가 발생한다. 1998년 6월에는 삿포로맥주(주) 지바공장과 아사히맥주(주) 시코쿠공장에서 바이오가스를 이용한 연료전지발전 시스템이 동시에 본격 가동되었다.

국내에서는 포스코파워가 국내 최초의 소화조 메탄가스를 활용해 전기를 생산하는 연료전지 시스템을 강변공공 하수처리장에 납품했으며, 부산시 환경공단에 설치되어 있는 연료전지 시스템에서는 2010년 4월~11월까지 시간당 6,700MW의 전기와 열에너지를 생산하여 2,368톤의 온실가스 감축효과를 보고 있다.

- 혐기성 폐수처리로 메탄이 발생
- 순환형 시스템의 구축
- 이용하지 않던 가스의 유효 이용

소화가스/바이오가스 이용발전 시스템

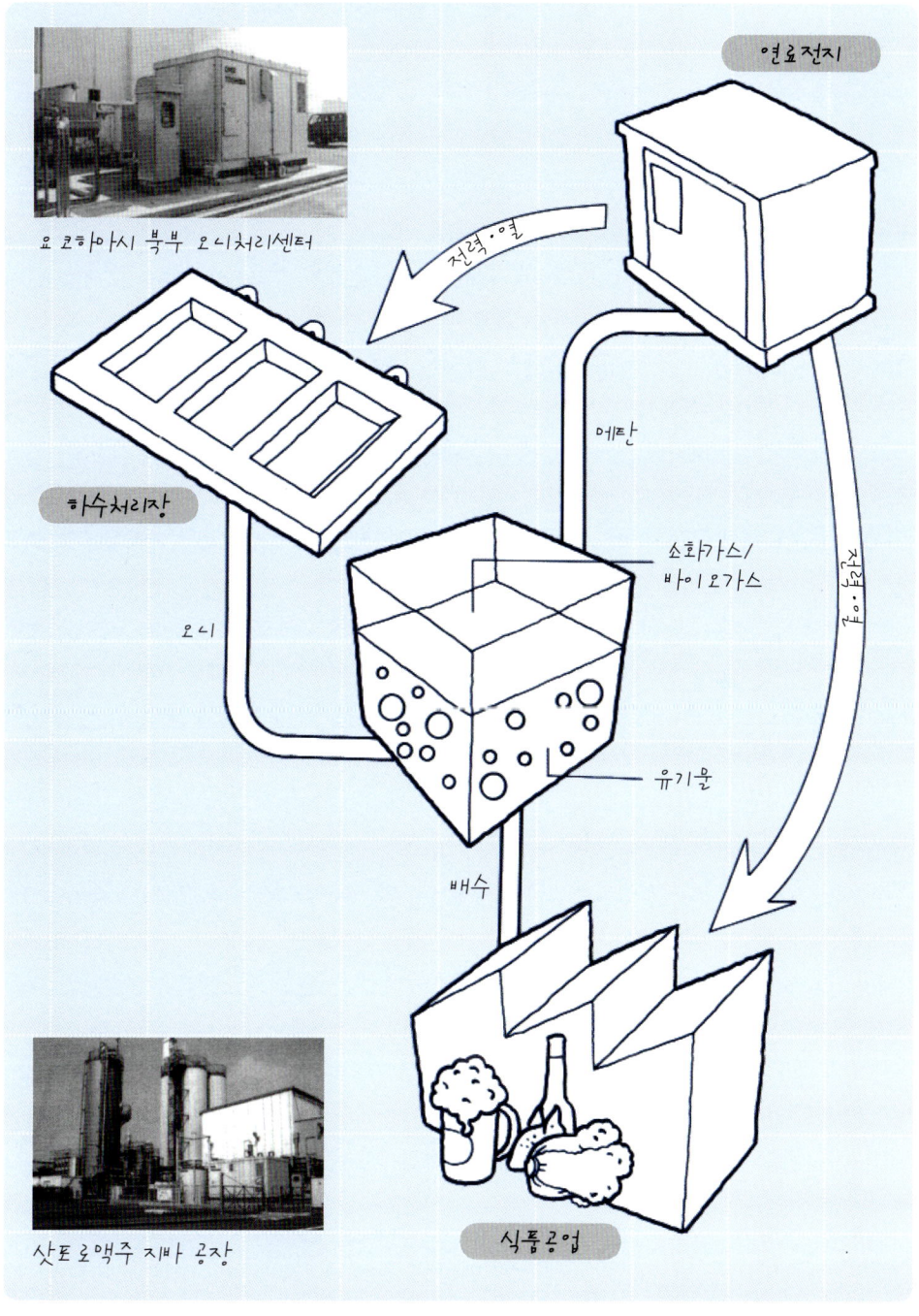

식품 리사이클의 의무화로 수요 증가

음식물쓰레기가 전기로 재탄생

　가까운 일본은 2000년 6월에 순환형 사회의 형성을 목표로, 「순환형 사회 형성추진기본법」이 제정되었다. 그리고 2001년 5월 1일에 「식품 리사이클법」이 시행되어 식품의 제조·판매사업자나 레스토랑 등에 식품 남기기 억제나 리사이클이 의무화되었다.

　음식물쓰레기는 수분을 많이 포함하기 때문에 소각 시에 많은 연료가 필요하며, 또한 저온연소에서는 다이옥신이 발생하는 문제가 있어 현재 음식물쓰레기의 재자원화는 비료 등으로 바꾸는 컴포스트(compost)가 주류가 되었지만, 농가에서의 이용에는 한계가 있고 결국 포화될 것이라 여기고 있다.

　그러한 상황 가운데서 음식물쓰레기를 분쇄하고 발효시켜 메탄을 추출하여 연료전지에서 발전하는 시스템이 개발되었다. 특히 **고온메탄발효 시스템**은 음식물쓰레기를 고온(55℃)에서 분해하여 메탄이 65~70%의 바이오가스를 만드는 방식으로, 기존의 중온(약 37℃) 시스템에 비교해 분해 속도가 2배 이상이 되므로, 장치의 컴팩트화와 가격 저감화를 이룰 수 있다는 큰 장점을 가지고 있다. 게다가 연료전지에서의 온수 배열은 바이오리액터(bioreacter)의 가온에 이용할 수 있어 에너지절약 효과도 기대할 수 있다.

　바이오리액터에서 발생하는 바이오가스는 소화가스와 마찬가지로 주성분인 메탄이나 이산화탄소 외에 소량의 불순물로서 황화수소(H_2S)나 암모니아가 포함되어 있다. 이들 불순물은 전처리장치에 의해 연료전지 전에 제거가 될 것이다.

　일반적으로 1톤의 음식물쓰레기에서 일반 가정 2개월분의 전력 사용량에 상당하는 약 580kW시의 전력을 얻을 수 있다. 편의점에서는 하루에 수 kg의 식품 폐기물이 나온다고 하며, 앞으로 수십~수백 kg 규모의 소형 타입의 음식물쓰레기 처리장치가 편의점, 빌딩, 호텔, 슈퍼마켓 등으로 보급될 것으로 생각된다.

　한편, 인천시는 2010년 말까지 한국환경공단과 공동으로 송도 자원화센터에 연료전지 패키지화 발전 시스템을 구축할 계획이라고 발표한 바 있다.

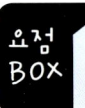
- 순환형 사회 형성을 목표
- 메탄발효에 의한 폐기물의 재자원화
- 다이옥신을 배출하지 않는 환경조화형 발전 시스템

음식물 쓰레기에 의한 발전

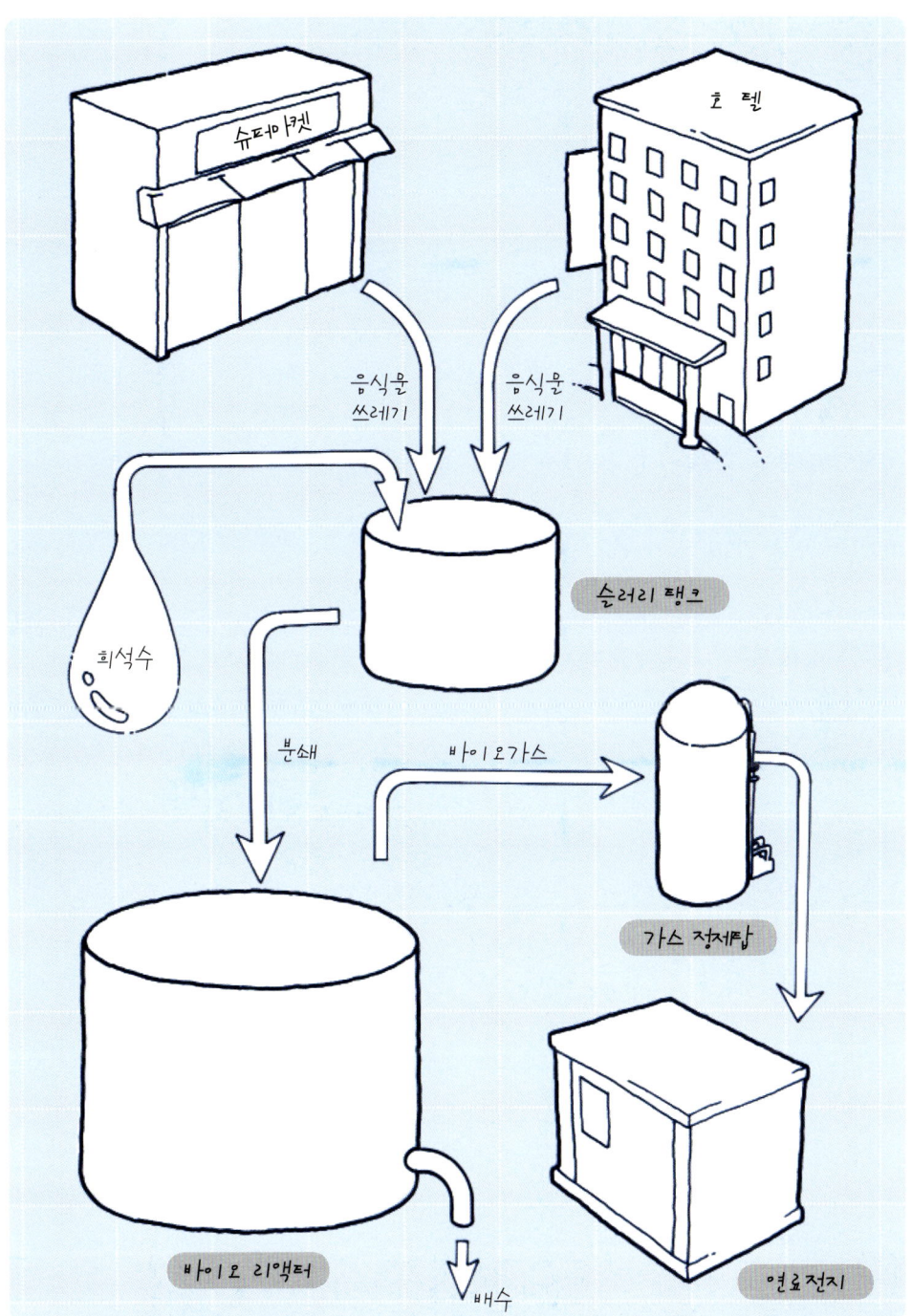

27

업무용 부문에 에너지절약화

병원이나 호텔에서의 코제너레이션 시스템

2000년부터 2010년에 이르는 부문별 에너지소비의 추이 가운데서, 업무용 부문이 특히 증가하였다. 그러므로 이 업무용 부문의 에너지절약화를 촉진하는 것이 급선무가 되었다.

소용량으로 높은 발전 효율을 가지며, 배열을 유효하게 이용함으로써 높은 총합 효율(발전 효율+배열이용 효율)을 실현할 수 있는 연료전지를 적용함으로써 환경성 향상(CO_2 삭감)에 크게 공헌할 수 있다. 현재 인산형 연료전지는 일본 및 미국에서 50kW, 100kW 및 200kW 기기가 공장, 병원, 호텔 등에서 가동되고 있으며, 각각 최적의 운용이 이루어지고 있으나 국내는 아직 미진한 수준이다.

인산형 연료전지는 작동 온도가 200℃이며 배열을 증기, 고온수, 온수로 회수할 수 있고, 각각의 이용 방법은 다음과 같다.

- **증기(160~170℃)** : 호텔, 병원에서는 증기분(蒸氣焚) 이중효용흡수식 냉온수기에 사용되어 냉방용의 냉수가 제조되고 있다. 공장에서는 프로세스에 직접 사용되는 케이스도 있다.
- **고온수(90~120℃)** : 흡착식 냉동기나 배열투입형 가스흡수 냉동기(genelink)에 의한 냉수제조에 사용되고 있다. 또한 최근에는 디센트(desiccant) 공조기로의 이용이 증가하고 있다.
- **온수(60℃)** : 급탕, 샤워, 바닥 난방이나 보일러 급수의 가온에 사용되고 있다.

연료전지는 다른 코제너레이션과 비교해 열전비가 작기 때문에 발전 전력당의 배열량이 적고, 열 수요가 많지 않아도 총합 효율을 높이기 쉬운 특징을 가지고 있다. 앞으로 계절, 요일, 시간대에 따른 전기와 열 이용의 최적화가 점점 중요해지고 있다.

- 코제너레이션 시스템
- 최적 운용에 의한 고효율화
- 저온 배열의 유효 이용기술의 확립이 중요

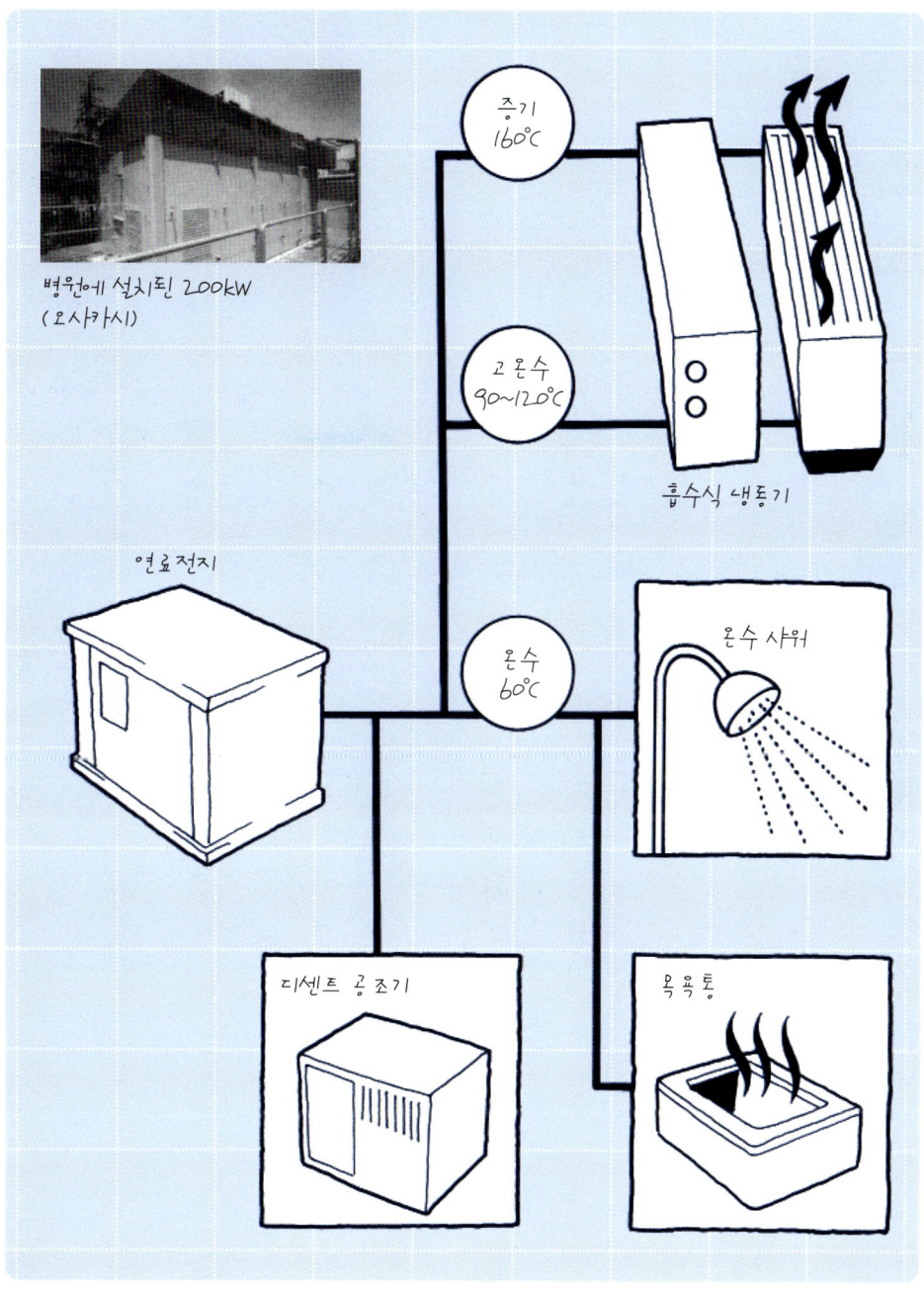

용어해설

Desiccant 공조 : 공기를 냉각시키지 않고 직접건조제(desiccant)로 제습하는 시스템. 연료전지와 마이크로 터빈의 배열로 건조제를 재생한다. 사람이 모이는 슈퍼마켓, 레스토랑에 적합

직류를 충실히 이용

직류로부터 살균제를 만들 수 있다

    연료전지는 수소와 산소의 화학반응으로 직류 전력이 발생한다. 이것을 역변환장치(인버터, inverter)로 교류 전력으로 변환하여 각 가정이나 공장의 전원으로 사용하고 있다. 인버터의 변환 효율은 공급 전압에도 의존하지만, 연료전지에서는 94% 전후의 것이 사용되고 있다. 연료전지에서 발생하는 직류 전력을 교류로 변화하지 않고 직접 사용하면 고효율의 이용 시스템을 만들 수 있다.

    그 시스템은 일본의 미소노 정수장에서 가동되고 있다. 미소노 정수장에서는 식염수의 전기분해에 의해 수돗물의 살균에 사용되는 하이포염소산(hypochlorous acid, 鹽素酸, 차아염소산)나트륨을 제조하고, 전해반응에서는 부반응수소가 생성된다.

    이 수소를 회수하여 재이용함으로써 다시 고효율의 이용 시스템을 만들 수 있고, 공동주택에서 직류 배전의 실험이 이루어진 예도 있다. 이 시험에서는 태양광발전과 축전지를 직류로 연계하는 시스템을 구축하고 있으며, 직류가 그대로 사용되었다. 연료전지가 정지했을 때에는 상업 전력을 직류로 변환하여 이용하는 백업이 달린 시스템으로 되어 있다.

    직류 전력은 전해뿐만 아니라 전신·전화국에서의 통신용 전원, 공장에서의 직류 모터로의 전력공급이나 도금용 전원으로도 사용할 수 있다. 이처럼 연료전지에서 발생하는 직류 전력을 직접 사용함으로써 기존에 필요했던 수/변전 설비나 AC/DC 변환을 삭제할 수 있다.

    그리고 배열은 정수장에서는 농축조의 슬러리(slurry)나 도금공장에서는 도금조의 가온에 사용함으로써 높은 총합 효율을 실현할 수 있다. 최근에는 수요가 적은 시간대에 만든 전력을 저장하여 수요가 최고일 때에 이것을 활용하는 전력저장이 주목을 받고 있으며, 연료전지로부터의 직류 전력과의 조합도 가능성이 있다.

    앞으로 직류 이용분야는 연료전지의 시장 가운데 하나가 될 것으로 예상된다.

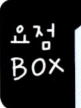

- 직류 전해로 고효율 이용
- 통신 전원으로 사용된다.
- 수/변전 설비의 삭제

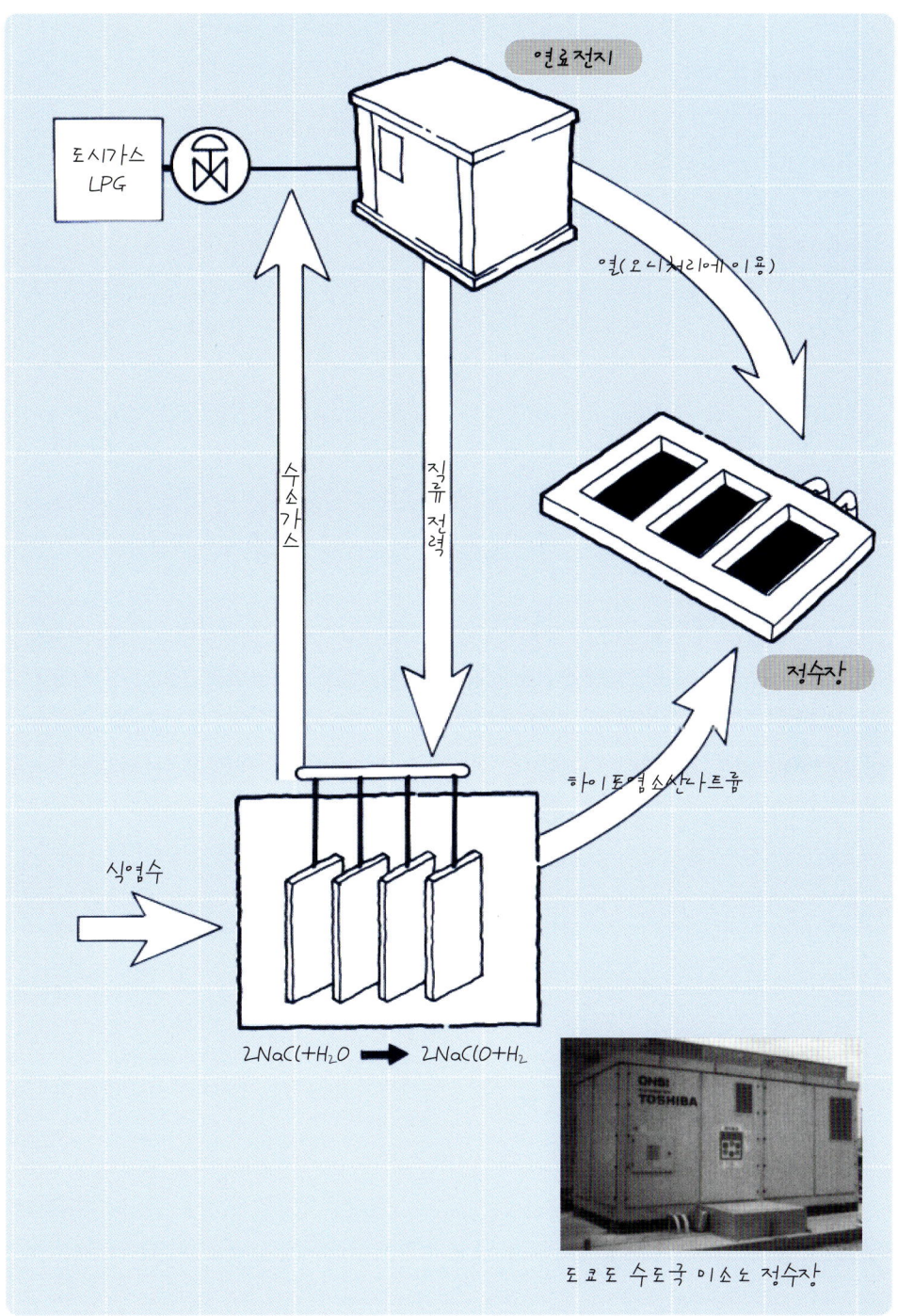

연료전지의 기능을 최대한 활용

화재 시에 샤워를 할 수 있다

　화재발생 시에는 안전한 장소로 신속한 피난과 피난장소에서의 통신수단과 식량의 확보가 매우 중요했다. 일본 대지진 때 재난피해를 입은 사람들은 식수 확보에 고생을 하였고, 지진발생으로부터 시간이 지남에 따라 샤워나 목욕에 대한 필요성이 커져 자위대가 세운 입욕설비는 연일 긴 줄이 이어지는 상황이 발생하였다.

　연료전지는 계통 정전 시에도 독립운전에 의해 주요 부하로 전력을 공급할 수 있었고, 도시가스가 차단될 경우에도 LPG 등의 예비 연료로 금세 전환하여 발전을 계속할 수 있었다. 그리고 열과 식수도 공급할 수 있었다. 이 특징을 활용하면 방재 시스템으로의 적용이 가능하게 된다. 이것을 구체적으로 실현한 것이 일본의 아츠키시에 있는 쿠리타공업(주) 기술개발센터에 설치된 재해대응형 연료전지 시스템이다.

　본 시스템은 「재해가 발생한 경우, 지역주민에게 식수와 위생설비의 공급을 수행한다」라는 쿠리타공업(주)의 방재협력방침에 따라 설치된 것이며, 아츠키시와 「재해 시 등에서의 식수 등 제공에 관한 협정」이 체결되어 있다. 재해 발생에 따라 도시가스가 차단되었을 때에 LPG로 금세 전환되는 기능을 가진 인산형 200kW의 연료전지와 다음의 부속설비 장치로 구성되어 있다.

- **식수 제조장치** : 기술개발센터의 원수(原水)로부터 1일에 약 5,000명분의 제조가 가능하며, 원수 비축량으로부터 3일간의 공급이 가능하다.
- **살균수 제조장치** : 전기분해에 의한 하이포염소산 소다로 처리한 살균수를 연속적으로 제조할 수 있으며, 이 살균수는 재해대응 설비의 화장실 부스에 공급된다.
- **유아용 목욕·샤워 설비** : 유아용 목욕과 일반용 샤워가 구비되어, 연료전지로부터의 배열을 이용하여 온수가 공급된다.

　이처럼 재해대응형 연료전지 시스템에서는 연료전지가 가지는 기능을 모두 유효하게 활용한 부가가치가 높은 시스템이다.

- 방재 거점에서의 식수 공급
- 재해 시의 보안전원 공급
- 목욕·샤워로 열 공급

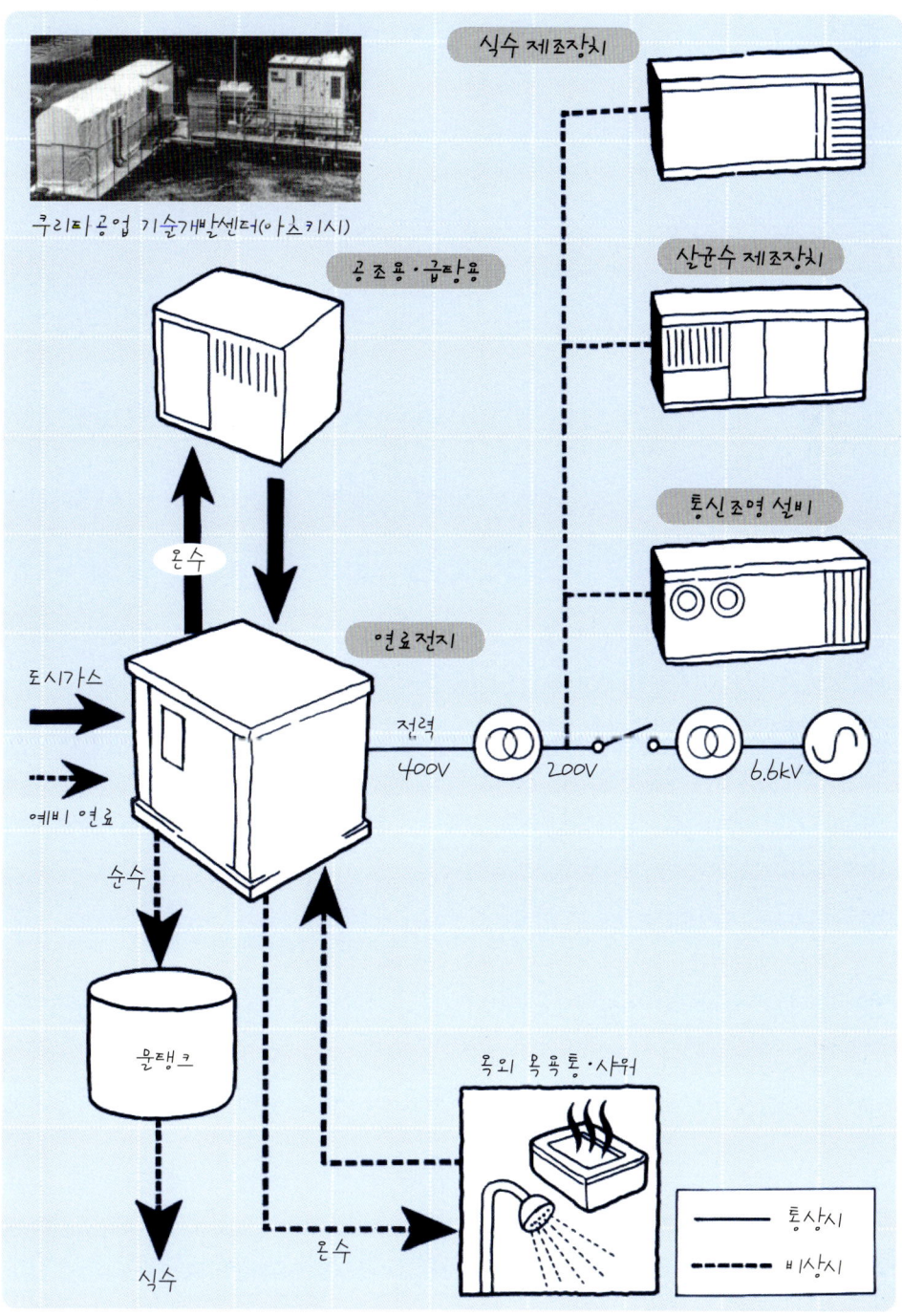

전력변환 손실이 적고 축전지 용량을 저감

정전이 없는 전력공급 시스템

오늘날 정보통신의 발전에 따라 고신뢰성 전원의 중요성이 증가하고 있으며, 이 대책으로서 **무정전 전원장치**(UPS)와 비상용 발전기를 조합한 **고신뢰성 전원 시스템**이 사용되고 있다. 이 시스템에서는 상시 계통으로부터의 교류 전력을 정류기에서 직류로 변환하여, 다시 인버터에서 교류로 변환하여 부하로 공급하고 있다.

계통이 정전된 경우는 축전지에 의해 순간적으로라도 전력 공급이 멈추는 것 없이 단시간 공급을 수행하고, 그 후 비상용 발전기에 의해 공급이 계속된다. 그러나 전력변환 손실이 커서 통상 시에는 사용하지 않으며, 비상 시에만 사용하는 축전지나 비상용 발전기의 유지·보수 비용이 든다는 문제가 있다.

한편, 연료전지 플랜트는 인버터를 내장하고 있으며, 안정된 전압·주파수의 전력을 공급할 수 있다. 그리고 쌍방향 인버터나 무순단 절환스위치를 추가함으로써 다음과 같은 전력변환 손실이 적고, 축전지 용량을 저감한 UPS 융합 시스템을 구축할 수 있다.

- **통상운전 시** : 연료전지에서 발생하는 DC 전력을 UPS 내의 2개의 변환기로 AC 전력으로 변환하고, 독립 부하로의 급전과 계통연계 운전을 동시에 실시한다.
- **계통정전 시** : UPS가 계통 이상을 검출하여 계통으로부터 끊어져, 독립부하에는 DC/AC 인버터를 통하여 연료전지로부터 안정된 전력을 공급한다.
- **연료전지 고장** : DC/DC 컨버터가 UPS의 DC 모선으로부터 끊어져, UPS에 계통으로부터 수전을 개시하여 연료전지 고장의 영향 없이 독립부하로의 전력 공급을 계속한다.
- **UPS 고장 시** : 무순단 절환스위치에 의해 1/4 사이클 이내에 계통으로부터의 백업을 수행함으로써(UPS 기능), 독립부하에는 전력 공급을 계속한다.

그리고 연료전지의 여러 대 설치나 연료의 자동절환기능 설치에 의해 한층 더 높은 고신뢰성의 전력공급 시스템을 제공할 수 있다.

- 무정전 전원기능의 구축
- 축전지, 비상용 발전기의 보수가격 저감
- 전력변환 손실의 저감

종래의 고신뢰 전원 시스템

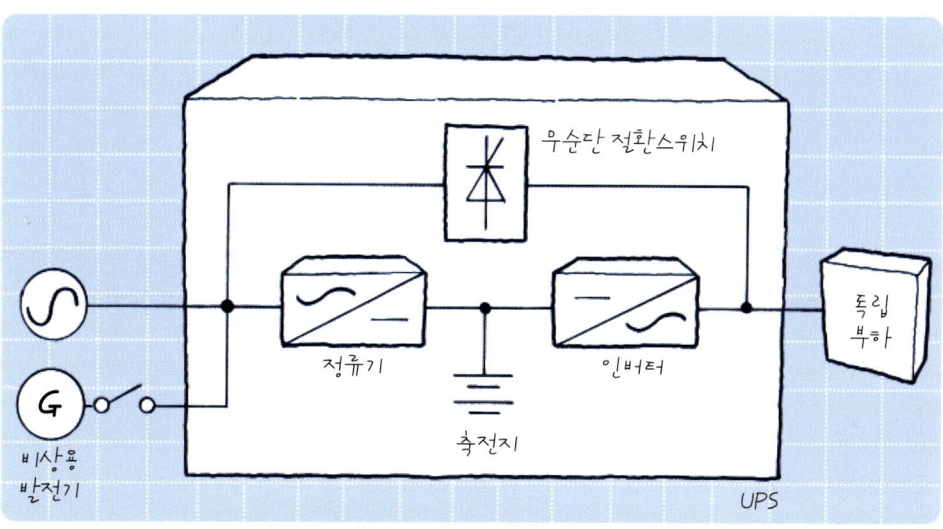

연료전지를 이용한 고신뢰 전원 시스템

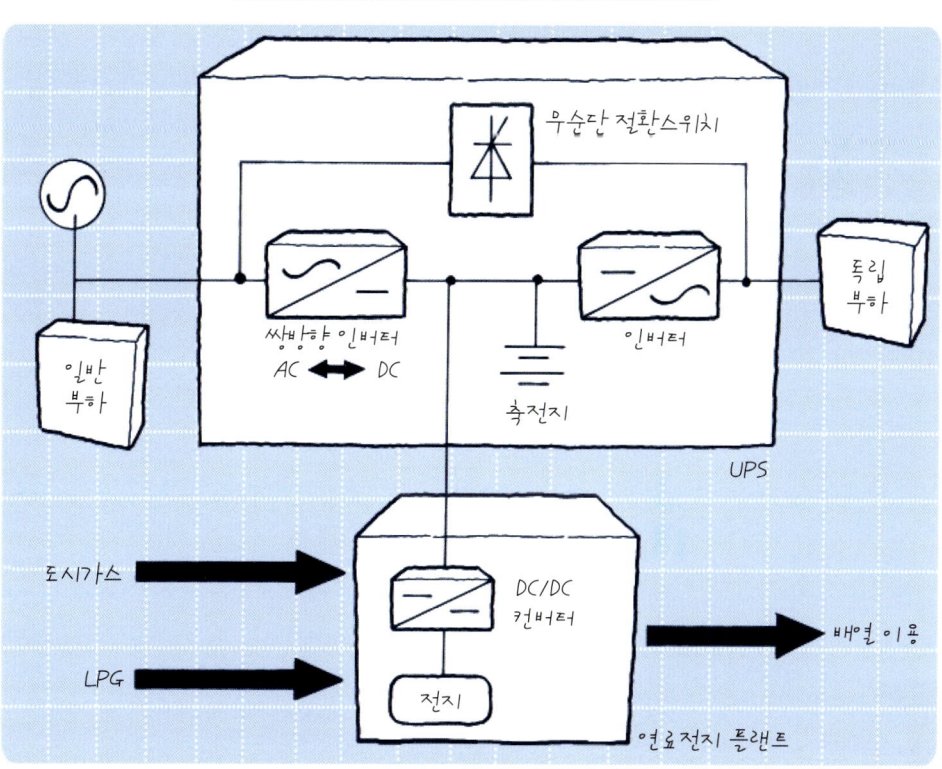

31

높은 총합 효율의 실현

이벤트회장에 자동판매기를 설치

자동판매기의 소비 전력량은 냉각과 가열을 동시에 수행하는 캔음료용으로는 1개월당 약 250kW시이며, 2대면 일반 가정의 전력량에 걸맞다. 이 캔음료용은 자동판매기 설치 총대수(550만 대)의 약 50%, 소비 전력으로 약 90%를 차지하여 경제산업성은 2001년 1월에 에너지절약법에 기초하여 에너지 소비를 삭감할 대상품목에 추가하였다.

그리고 일본자동판매기공업회에서는 COP3의 의결을 거쳐, 2001년까지 소비전력의 15% 저감 계획을 실행하였다.

자동판매기는 내부의 냉각에 이용하는 압축기의 소비 전력량이 전체의 약 1/2을 차지하며, 에너지 절약 효과가 있는 인버터 일체형의 개발이나 외부가열에 의한 소비전력 저감 등도 시도되고 있다. 게다가 여름철 아침에 음료를 통상보다 낮은 온도까지 낮추어, 전력 사용량이 높은 오후에 냉각 운전을 멈추는 운전이나 주간의 소등 등의 기능을 가지는 자동판매기의 개발도 진행되고 있다.

이러한 상황 하에서 고체고분자형 연료전지를 조합한 자동판매기가 개발되었다. 자동판매기에는 가정용 1kW급을 그대로 적용할 수 있으며, 발생한 전력은 냉각에, 추출된 60℃의 배열은 가열에 사용하는 것이 가능하여 높은 총합 효율을 실현하였다.

또한 프로판 봄베(bomb)의 조합에 의해 이벤트회장 등 전기가 없는 지역에서의 설치가 가능해졌다. 현재 에너지절약, 탈-프레온, 설치대 수의 삭감이라는 3가지의 과제를 안고 있는 자동판매기 메이커에 있어 연료전지를 적용한 캔음료용 자동판매기는 에코 벤더(echo vendor)로서 보급될 가능성을 가지고 있다. 게다가 한국자동판매기공업협회에서 발표한 국내 자동판매기 연도별 내수통계 자료에 의하면 2007년 말 전국 약 140만 대가 설치되어 있어, 여름철 전력 사용량 대책에도 크게 공헌할 것이다.

- 탈-프레온 기술과의 조합에 의한 에코 벤더의 실현
- 여름철 전력 사용량 대책에 공헌
- 캔음료용 자동판매기의 소비전력 저감

자동판매기 시스템

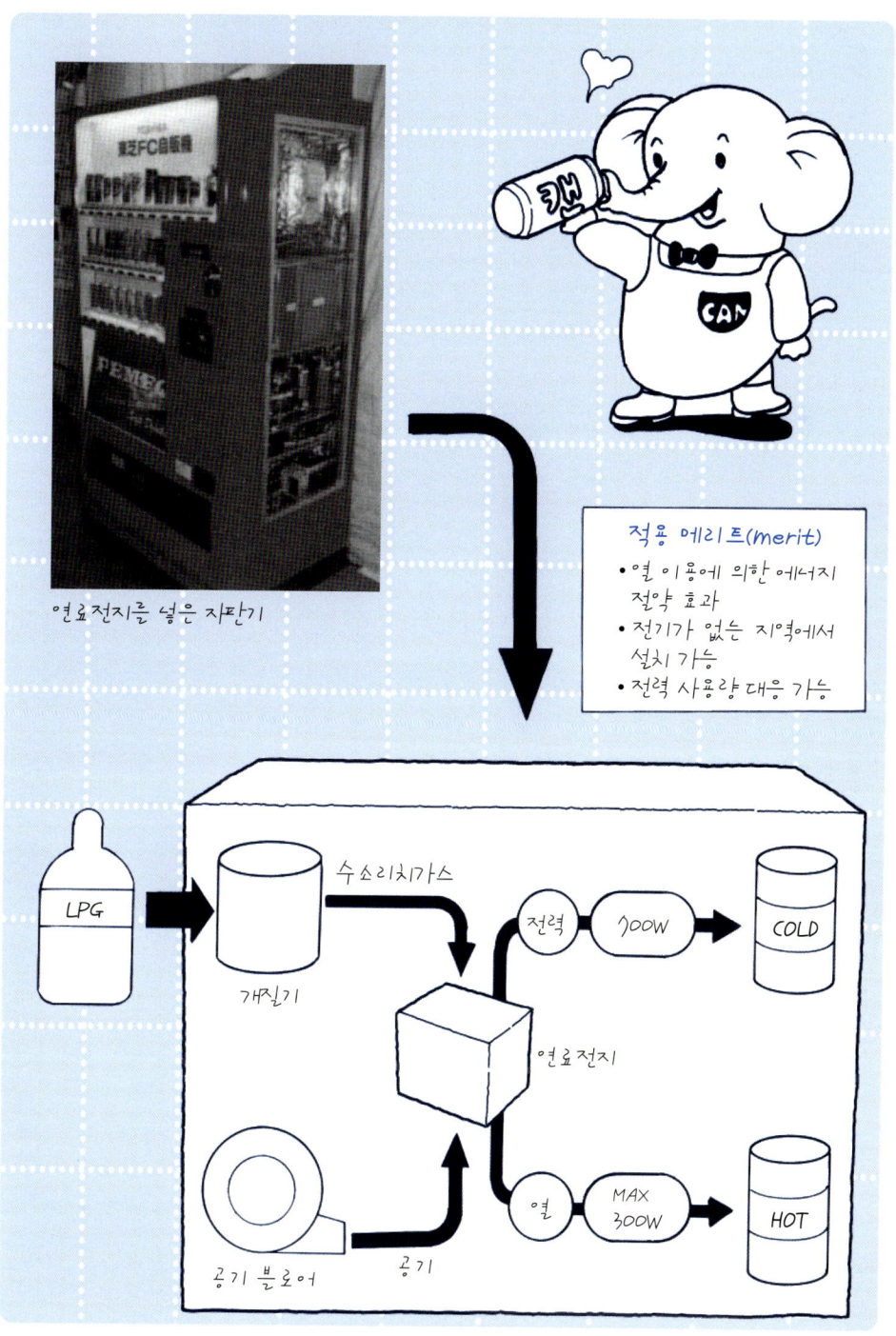

32

가정의 코제너레이션 시스템
전기가 나오는 급탕기

    가정에서 사용되는 에너지는 모든 에너지 소비의 수십 %를 차지하며 매년 증가하고 있다. 이는 온실가스 증가의 한 부분을 차지하고 있어, 각 가정에서는 소비되는 에너지의 삭감이나 효율적 이용이 점점 중요해지고 있다. 이러한 관점에서 **가정에서의 코제너레이션의 도입**이 요구되고 있다. 소용량으로도 발전 효율이 크고 환경 면에서 뛰어나며, 배열을 유효하게 사용할 수 있는 연료전지는 일찍부터 주목을 받았지만, 최근에 와서 고체고분자형 연료전지의 전류밀도 향상에 의한 소형화, 양산화에 의한 가격 저렴화의 예측이 나오고 있으며, 가정용 코제너레이션으로서의 개발이 가속되고 있다. 2010년부터 활발하게 보급되는 설비로 LNG를 이용하여 전기를 생산하고 부수적으로 열도 얻을 수 있는 가정용 연료전지 시스템으로 새롭게 떠오르고 있는 정부 그린홈 보급사업의 새로운 강자이다.

    도시가스가 공급되는 주택에 연료전지를 설치하면 여기에서 전기와 열이 생산되는데, 전기는 가정에서 사용하는 전기의 일부로 활용하고, 열은 온수나 난방의 일부로 사용하는 것이다. 즉, 연료전지의 기술 핵심은 수소와 산소의 화학반응으로 생기는 화학에너지를 직접 전기에너지로 변환시키는 기술이다.

    연료전지 시스템은 전기를 생산하는 발전 효율은 30~40%, 열을 생산하는 효율은 40% 이상으로 총 70~80%의 효율을 나타낸다. 현재 국내에서 가장 많이 적용되고 있는 방식은 고분자 전해질형 (PEMFC) 형태로서 80℃ 이하의 온도에서 동작되며 1~10kw의 소용량이 상용화되어 있고, 국내 그린홈 보급사업에도 이 형식이 적용되고 있다.

작동원리는?
① 연료극에 공급된 수소는 수소이온과 전자로 분리
② 수소이온은 전해질층을 통해 공기극으로, 전자는 외부회로를 통해 공기극으로 이동
③ 공기극 쪽에서 산소이온과 수소이온이 만나 물을 생성
④ 최종적인 반응은 수소와 산소가 결합하여 전기, 물 및 열 생성

- 연료전지의 설치소요 면적은? 1kw 용량의 연료전지를 설치하기 위해서는 약 2m²의 면적 필요
- 연료전지 보급현황은? 2010년 184세대
- 정부보조금 지급기준은? 2010년 이후 총 설치비의 80%를 보조해 주고 있다.

가정용 코제너레이션 시스템

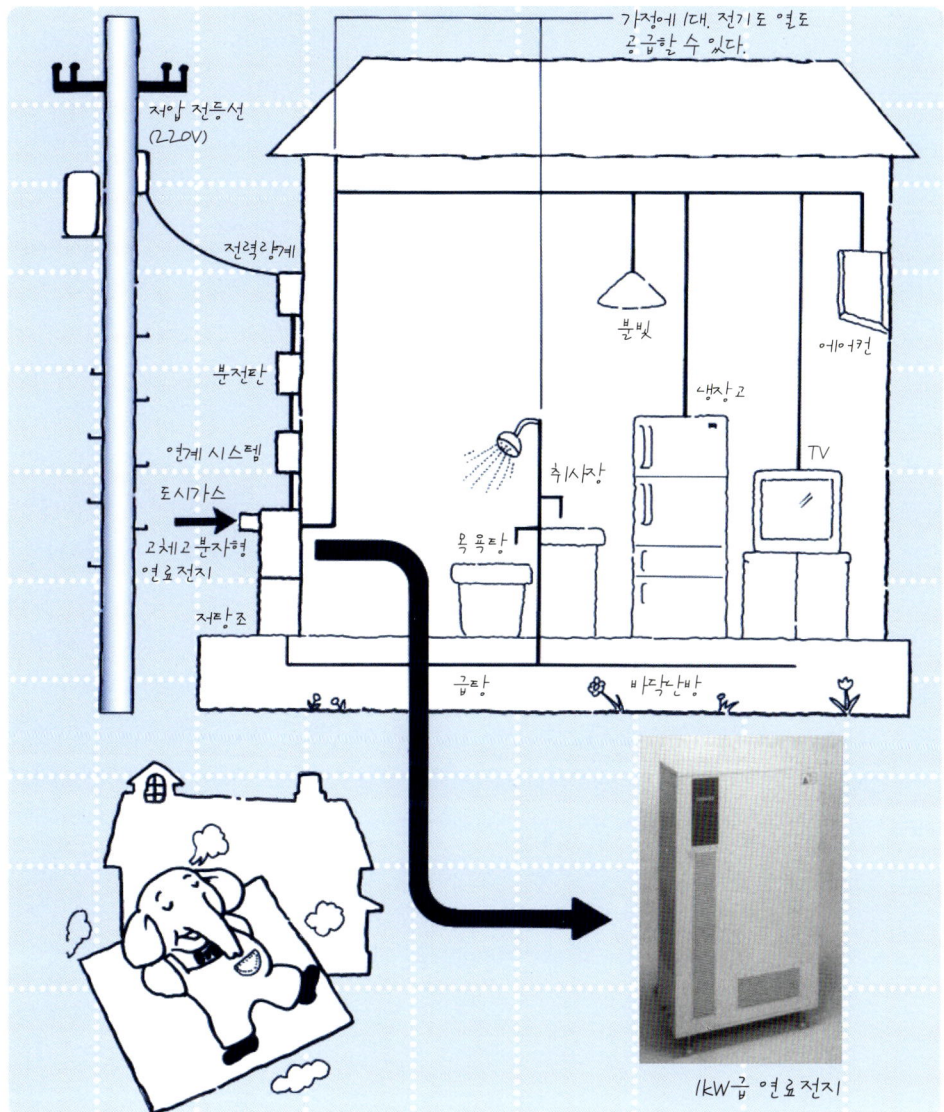

1kW급 연료전지

설치 효과는?

- 월 전기사용량이 450kwh인 주택의 경우-연간 전기/열 요금 절감액:564천 원
- 월 전기사용량이 500kwh인 주택의 경우-연간 전기/열 요금 절감액:1,212천 원

※ 연료전지 발전 효율 35%, 도시가스 발열량 9,550kcal/Nm³, 도시가스 714원/Nm³을 기준으로 한 값이므로 기후 조건, 단열상태, 전기사용량 등에 따라 달라진다.

2차 전지를 대체할 가능성

휴대전화나 컴퓨터의 전원에도 사용된다

고체고분자형 연료전지는 휴대전화나 노트북 등의 전원으로서도 주목을 받고 있다. 이것은 메탄올을 연료에 이용하는 **메탄올 직접형 연료전지**(DMFC)라 불리는 것으로 메탄올 물을 직접 전지에 공급하는 방식이다. DMFC는 메탄올에서 수소를 만드는 개질기나 개질가스 속의 CO 농도를 낮추는 반응기가 필요 없으며, 펌프나 열교환기 등의 보조기기를 삭감할 수 있기 때문에 초소형화가 가능해진다.

그리고 메탄올보다도 독성이 낮고 개질이 간단한 Di-Methyl Ether(DME)를 사용하는 연구도 이루어지고 있다. 미국 모토로라사는 휴대전화용의 초소형 카트리지의 시험제작품을 완료했고, 노트북을 20시간 정도 기동시킬 수 있는 카트리지를 3~5년 후에 실용화를 목표로 하고 있다. 그리고 기초 연구레벨에서는 반도체 프로세스를 사용하여 실리콘 기반 상에 작은 셀을 다수 만드는 것도 이루어지고 있다. DMFC는 에너지 밀도가 높아, 리튬이온 2차 전지나 니켈수소 2차 전지를 대체할 가능성이 높다.

또한 DMFC는 자동차용 연료전지로서도 개발이 이루어지고 있다. 메탄올이나 가솔린을 수소로 변환하는 개질기를 탑재할 연료전지 자동차는 시스템의 복잡함, 중량이나 용적의 제한, 효율이나 기동성의 문제가 있고, 수소연료의 경우는 인프라의 정비 미달과 취급의 어려움이 수반된다.

개질기가 필요 없고 소형화와 시스템의 간소화를 기대할 수 있는 DMFC가 주목을 받고 있으며, 다임러 크라이슬러에 의한 Go Cart(출력 3kW, 출력밀도 500W/L)의 시험제작이 이루어지고 있다. 일본에서도 자동차연구소(JARI)가 NEDO로부터 의뢰를 받아 개발이 시작되었다.

그러나 DMFC는 고체고분자막을 투과하는 메탄올의 직접 산화방지나 연료극에 사용하는 메탄올 산화촉매의 고성능화 등 성능, 내구성, 가격 면에서 아직 극복해야 할 많은 과제가 있다.

- 개질기가 필요 없는 메탄올 직접형 연료전지
- 기대되는 휴대기기용 전원
- 카트리지 교환에 의한 연속 사용

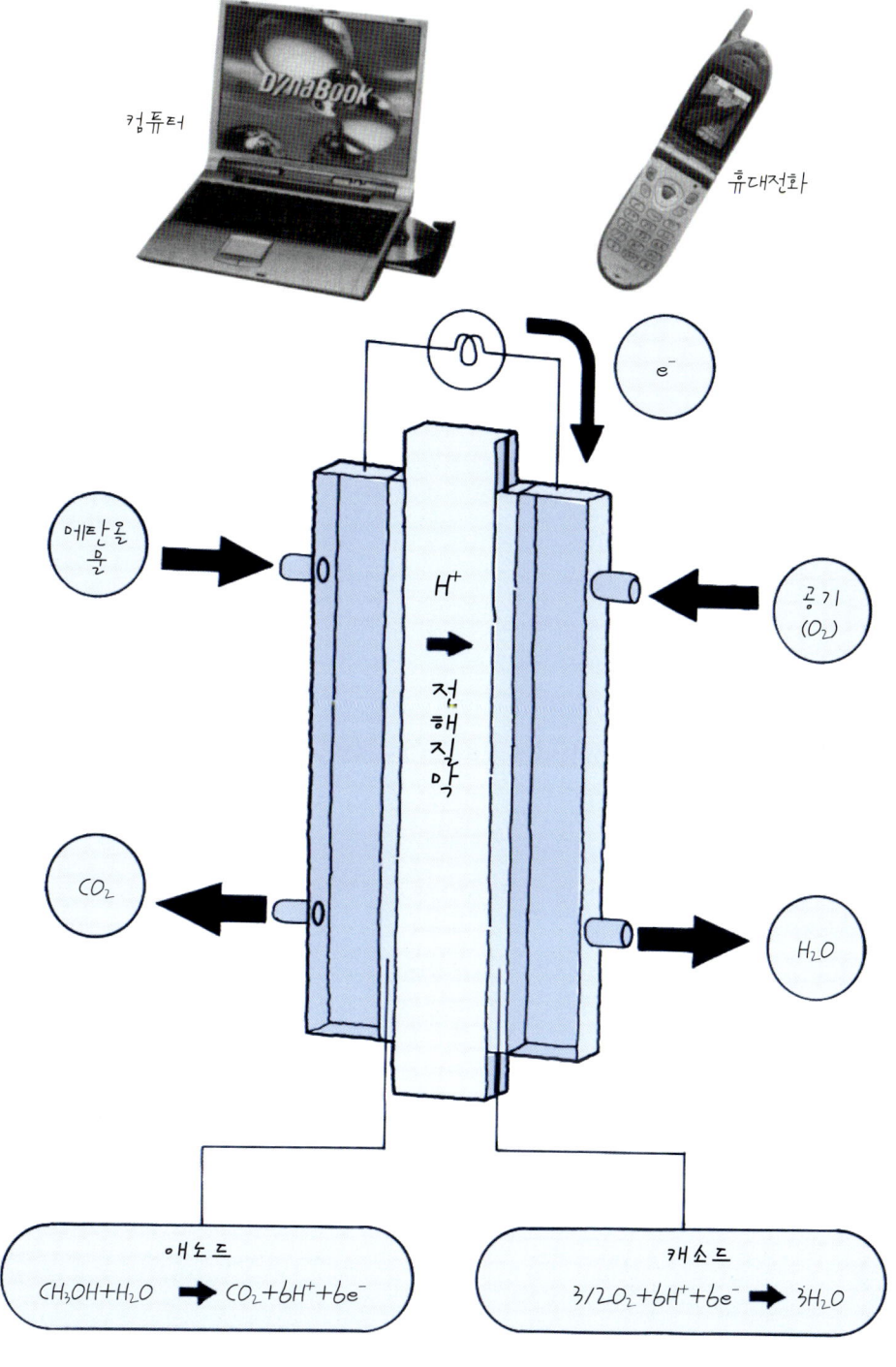

발전 효율에서 우위, 나머지는 가격 저감

마이크로 코제너레이션과의 경합

코제너레이션 시스템(CGS)은 전기와 열을 병급하는 고효율인 에너지 시스템이며, 추후 도입 확대가 기대되고 있다. 특히 최근에 화제가 되고 있는 **마이크로 코제너레이션**의 등장에 의해 소규모 음식점이나 병원 또는 개별주택 등 지금까지 CGS가 도입되지 않았던 곳에도 도입의 가능성이 생겼다. 그리고 규제 완화가 되고 있어 보급 속도에도 탄력이 붙을 것이다.

「마이크로 코제너레이션」이라고 해도 가정용 연료전지 1kW급 전후의 것에서부터 마이크로 가스 터빈과 같은 100kW급 규모의 것까지 여러 가지 용량과 종류가 있다. 그중에서도 재생사이클, 고속발전기 및 인버터 연계장치에 표준화를 도입한 마이크로 터빈은 소형 발전장치로서 주목을 받고 있다.

각종 마이크로 코제너레이션의 비교를 발전 효율로 보면 가스엔진이 23~26%, 마이크로 터빈이 26~29%, 가정용 연료전지가 30~35%로, 연료전지가 가장 높은 것이 확인되었다. 한편, 배열은 마이크로 터빈이 90℃, 가스엔진이 70℃, 가정용 연료전지가 60~70℃로 연료전지의 배열 온도는 다소 낮은 경향이 있다.

그러나 가스비가 비싸고 열수요가 비교적 적은 국내에서는 높은 발전 효율이 요구되며, 수 kW~수십 kW급의 분야에서는 연료전지는 가격 경쟁력이 충분히 있으면 마이크로 터빈과 경합할 수 있을 것이다.

추후 마이크로 터빈과 경합할 것으로 생각되며, 제품화 직전에 있는 PEFC나 SOFC는 양산효과도 상정한 가격 저감을 얼마만큼 실현할 수 있을 것인가가 중요해지고 있다. 그리고 배열 온도가 낮은 PEFC는 열의 유효이용 기술을 예를 들면, 디센트(desiccant) 공조로의 적용기술 등이 확립될 필요가 있다.

- 전주부하 운전에서 열은 저장
- 저온 배열의 유효이용으로 에너지절약 실현
- 규제 완화에 따른 보급 속도

마이크로 코제너레이션과의 성능 비교

종류	출력	발전 효율 (LHV)	배기회수 효율	배열 온도
가스 터빈 (마이크로 터빈)	28kW	26%	50%	90℃
가스 터빈 (마이크로 터빈)	75kW	28.5%	33~43%	30℃
가스엔진	8.2kW (50Hz, 3상 3선)	25.5%	55.5%	70℃
가스엔진	1.8kW	23%	62%	70℃
가정용 연료전지 (고체고분자형)	1kW급	30~35%	40%	60~70℃

각종 발전기술의 효율 비교

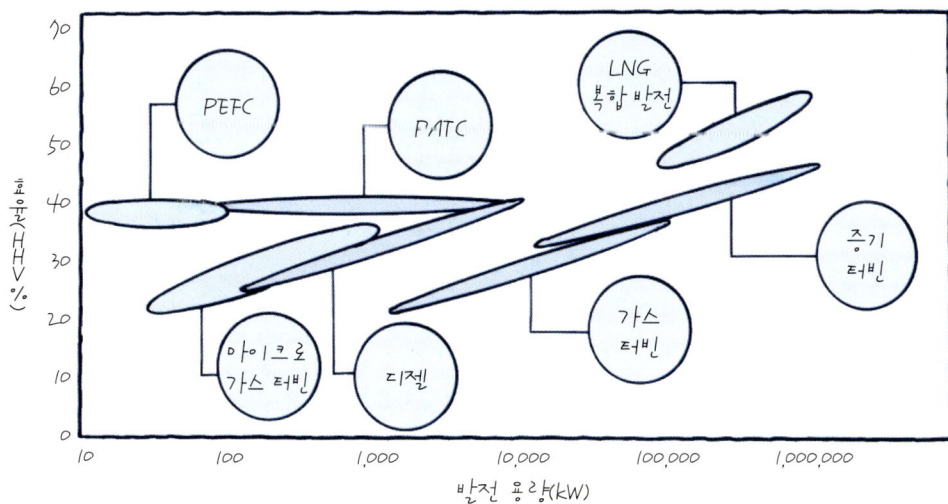

28kW 마이크로 터빈
(CAPSTONE사 제)

분산 전원으로 최적인 연료전지

최근 에너지절약과 환경보호의식이 높아진 가운데, 기존의 화력발전이나 원자력발전 등의 대규모 집중 전원에서 소규모 발전설비를 중요지점에 설치하여 송전손실을 저감하고, 배열을 유효하게 이용하여 총합 에너지 이용률을 높인 분산 전원이 주목을 받고 있다. 그중에서도 고효율이고 환경에 친화적인 연료전지는 분산 전원으로서 크게 기대를 받고 있다. 가장 먼저 개발이 시작되어, 유일하게 실용화되어 있는 인산형 연료전지는 연료의 다양화 대응(LPG, 소화가스, 바이오가스, 음식물쓰레기가스, 폐메탄올 등의 이용)이나 고품질 전원 대응(무순단 절환스위치나 쌍방향 인버터의 추가)의 기능이 추가되어, 분산 전원으로 가장 적합한 시스템이 되었다. 앞으로 연료전지는 분산 전원으로 총합에너지 공급서비스의 하나로 자리잡아 보급되어 갈 것으로 예상된다.

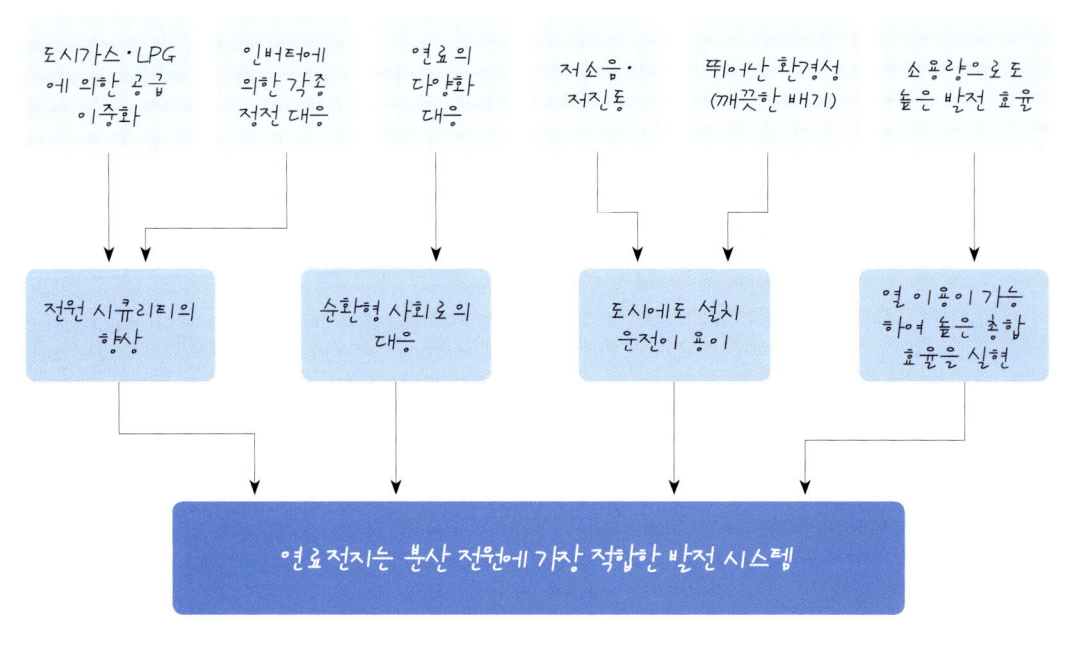

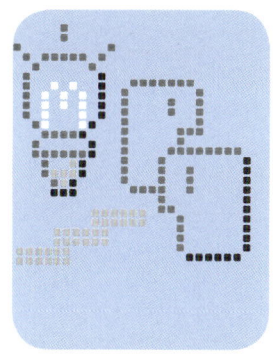   

Chapter 04

자동차에는 어떻게 사용될 것인가?

35 _ 전기자동차와 어디가 다른가?
36 _ 연료전지차의 여러 가지 시스템
37 _ 수소직접형
38 _ 수소연비의 측정법
39 _ 메탄올 개질형
40 _ 가솔린 개질형
41 _ 다이렉트 메탄올 연료전지(DMFC)
42 _ 하이브리드 연료전지차
43 _ 연료전지차용 전용 부품
44 _ 세계의 자동차 메이커의 착수
45 _ 세계를 리드하는가? 자동차 메이커
46 _ 공공도로실증(해외편)
47 _ 공공도로실증(국내편)

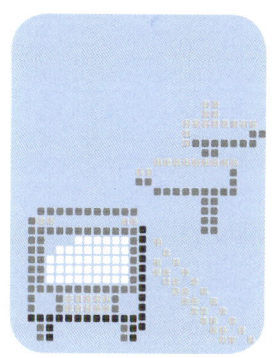

배터리는 불필요

전기자동차와 어디가 다른가?

　지금까지의 **전기자동차**는 배터리에 전기를 축적해, 사용이 끝나면 충전하여 다시 주행하는 방식이다. 이 방식은 배터리에 축적할 수 있는 전기의 양이 한정되어, 1회 충전으로 주행할 수 있는 거리가 짧아지게 된다는 문제가 있다. 게다가 충전에는 6~8시간 정도 걸려 연속하여 주행할 수 없다. 이 때문에 전기자동차의 용도는 출퇴근이나 시내의 배달과 같은 근거리 이동용으로 한정되어 있어 무공해차를 대량으로 보급시키기에는 문제가 있다.

　연료전지차는 모터로 차를 달리게 한다는 점에서는 전기자동차의 일종으로 생각할 수 있지만, 전기는 연료전지로 발전하여 얻어진다. 발전에는 연료가 되는 수소를 공급하면 되기 때문에 수소를 가득 실어 두면 장거리 주행도 가능해진다. 실제로는 그렇게 다량의 수소를 적재하는 것이 지금의 기술로는 어렵기 때문에 수소를 보급해야만 하지만, 수소의 보급시간은 5분 정도면 되기 때문에 곧바로 다시 주행할 수 있다.

　전기자동차와 연료전지차는 유해한 배기가스를 배출하지 않는 **무공해차**라는 점에서는 공통된 장점이 있고, 모터로 주행하기 때문에 진동이나 소음이 적다는 것도 가장 큰 장점으로 꼽을 수 있다. 에너지원에 대해서도 반드시 석유자원에 의존하지 않기에 자원문제를 해결하는 수단이 되기도 한다.

　그리고 전기자동차와 연료전지차의 최대 장점은 **이산화탄소**를 배출하지 않는다는 것이다. 물론 발전이나 수소를 만드는 과정의 어딘가에서 이산화탄소가 발생하지만, 전체 효율이 높기 때문에 그 양은 지금까지의 엔진차에 비교해 훨씬 적다.

　이 차들의 공통된 과제가 있다. 엔진차에 비교하면 무겁고, 차량적재 공간이 충분히 필요하며 가격도 높은 편이다. 충전 스탠드나 수소공급스테이션(station)과 같은 인프라에서도 가솔린 스탠드에 비교하면 제로(0)나 마찬가지인 상태이다.

　이러한 문제에 대해 메이커에서의 기술개발은 물론이고, 국가나 지방자치단체에 의한 개발지원이나 공용차량에의 솔선 도입, 세제혜택이나 주차장 사용의 우선권 등 보급 촉진정책도 적극적으로 시행해야 할 것이다.

- 연료전지로 발전하여 모터를 돌린다.
- 충전이 불필요하며 장거리, 연속주행이 가능
- 배기가스를 배출하지 않는 무공해차라는 점에서는 공통

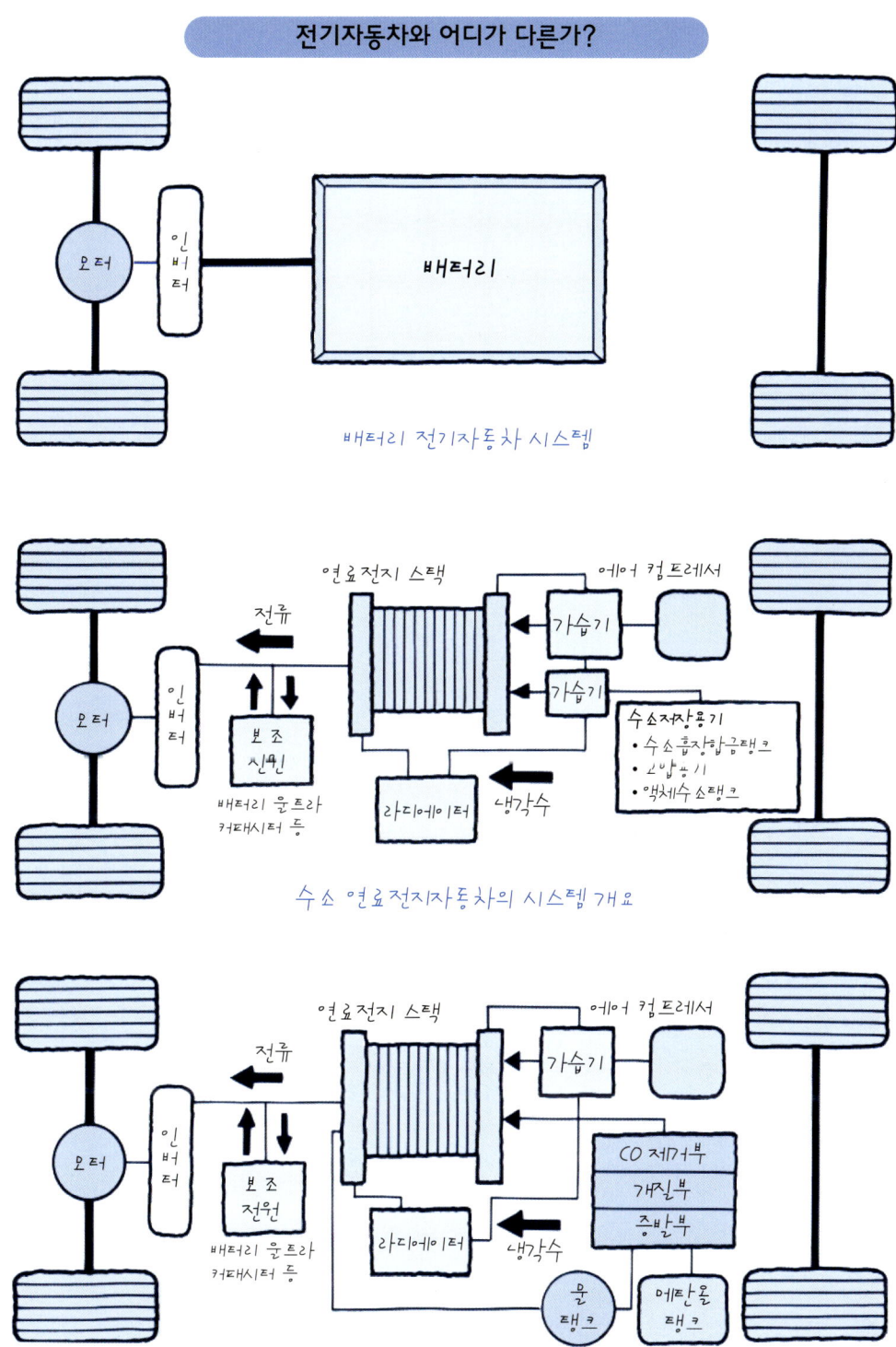

주로 수소를 사용

연료전지차의 여러 가지 시스템

  한마디로 연료전지차라고 해도 그 내용에는 여러 가지 방식이 있다. 연료전지의 종류는 고체고분자형이 주류지만, 인산형이나 알칼리형의 연료전지도 사용되는 경우가 있다.

  어떤 것을 선택하느냐에 따라 가장 핵심은 **사용연료**인데, 수소를 연료로 하는 것이 연료전지에서의 발전에는 가장 간단하며 성능도 좋다고 할 수 있다. 수소를 차에 적재하기 위해서는 압축하여 고압으로 저장하는 방법과 수소흡장합금이라는 특수한 합금에 수소를 넣어 저장하는 방법, 저온으로 냉각하여 액체로 저장하는 방법이 있다. 최근에는 카본 나노튜브(carbon nanotube)나 케미컬 하이드라이드(chemical hydride)라는 새로운 재료에 **수소를 저장하는 기술**이 연구되고 있다.

  메탄올은 액체이므로 수소에 비교하면 에너지 밀도가 높고, 수송이나 저장도 용이하다. 메탄올에서 수소를 만들기 위해서는 300℃ 정도로 가열하여 촉매로 반응시키는 **개질**이라는 방법이 있다. 이 개질 방식에는 수증기와 반응시키는 수증기 개질법, 공기와 반응시키는 부분산화법, 이 2가지를 적절히 조합시킨 오토서멀(auto thermal)법이라는 방식이 있다. 최근에는 개질하지 않고 메탄올에서 직접 발전하는 다이렉트 메탄올 연료전지(DMFC)가 있다.

  가솔린은 공급 스탠드가 어느 곳이나 있어 인프라를 새로이 구축할 필요가 없지만, 개질하기 위해서는 800~1,000℃ 정도의 고온으로 해야 하고, 미량으로 포함되는 유황분이 개질 촉매에 영향을 미친다는 문제도 있다. 최근에는 개질하기 쉽고 유황을 포함하지 않는 합성연료(GTL : Gas To Liquid, CHF : Clean Hydrocarbon Fuel)의 연구가 시작되고 있다.

  전원 시스템은 연료전지 단독으로 발전하는 방식과 보조 전원과의 하이브리드 전원으로 하는 방식이 있다. 보조 전원에는 니켈·수소, 리튬이온 등의 배터리 외에 전기이중층 콘덴서(capacitor)가 사용되는 경우도 있다.

- 자동차용은 고체고분자형 연료전지가 주류
- 수소인가, 메탄올인가, 가솔린인가?
- 효율이 좋은 하이브리드 전원

Chapter 04 자동차에는 어떻게 사용될 것인가?

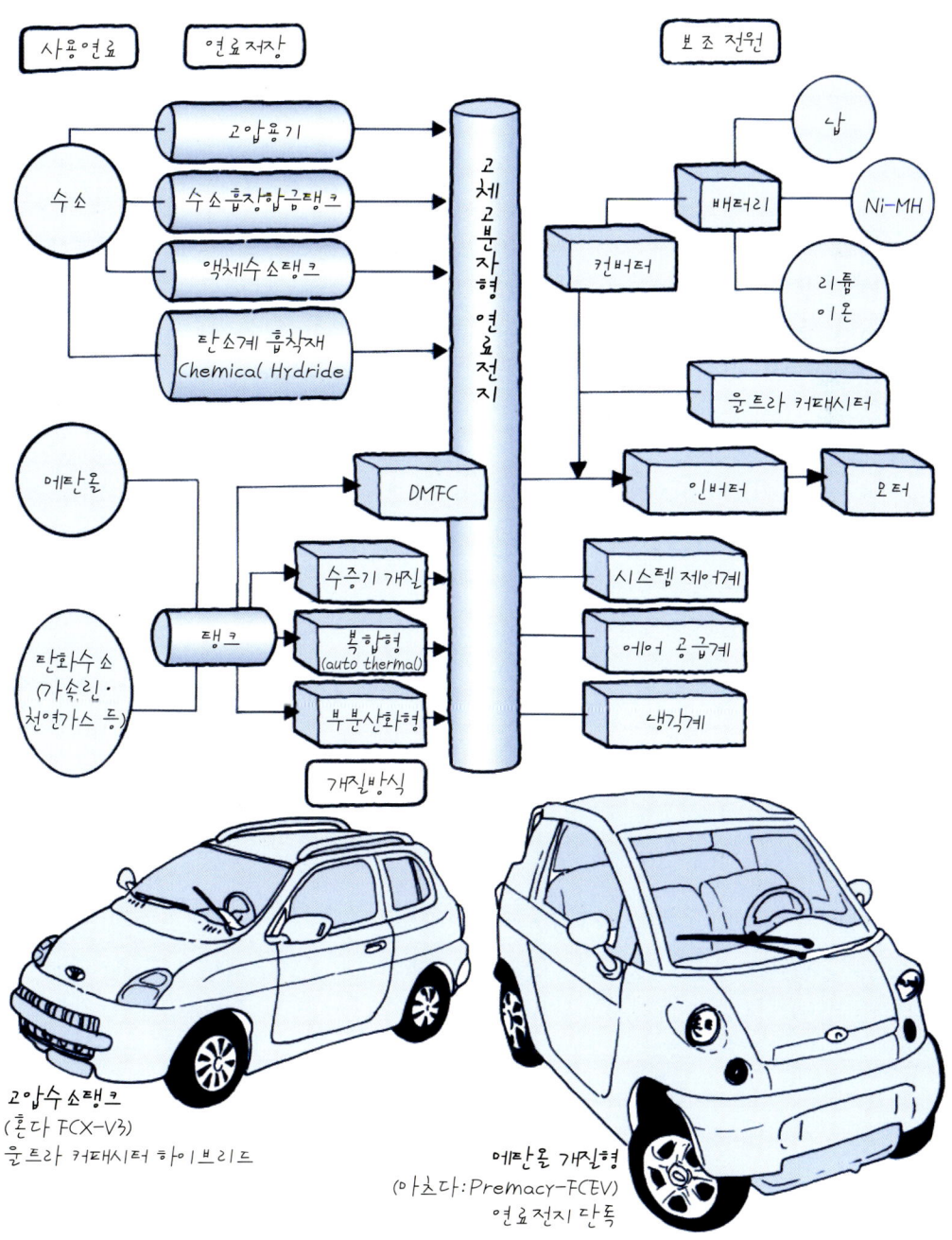

용어해설

전기이중층 컨덴서 : 전극과 전해액의 경계에 +, -전하(이온, 전자)가 모여서 전기의 층을 형성. 이 원리를 사용하여 경계층에 전기를 축적한다.

37

간단하며 고성능

수소직접형

연료에 수소를 사용하는 방법이 가장 간단하며, 고성능의 연료전지차가 된다. 배출되는 것은 수증기를 함유한 배기 공기(산소 농도는 1/2 정도 저하된다)뿐이므로 배터리 전기자동차와 같은 **제로 이미션**(zero emission)차가 된다.

수소는 고압용기, 수소흡장합금, 액체수소 등으로 차량에 적재하여 저장되며, 압력조정 밸브를 통해 공급된다. 고체고분자형 연료전지에서는 전해질인 고분자막을 항상 습한 상태로 유지할 필요가 있기 때문에 공급수소로 가습한다. 가습의 방법은 버블링(수소를 수중에서 부글부글 거품을 일게 한다)이나 펌프로 직접 공급하는 방법도 있지만, 수분만 통하는 반투막 한쪽에는 수소, 반대쪽에는 물을 흘려 가습하는 **막 방식**이 가장 일반적으로 이용된다. **막가습기**는 스택과 구조가 비슷하며, 일체로 조합되는 경우가 많다.

공기도 수소와 마찬가지로 가습하여 공급하지만, 공급량이 수소의 5배 정도나 필요하기 때문에 가습기가 커지게 된다. 이 때문에 스택 내에서 발생한 수분으로 자기 가습시키는 것과 같은 방법으로, 가습기를 필요로 하지 않는 시스템으로 만들기 위한 계획이 이루어지고 있다.

자동차용에서는 출력을 높이기 위해, 일반적으로 컴프레서를 사용하여 1.5~3.0기압 정도까지 공기를 가압한다. 가압하면 할수록 연료전지의 출력은 커지지만, 반대로 컴프레서의 구동부하가 커지고, 실효 출력은 그렇게까지 올라가지 않는다. 그래서 운전조건에 맞추어 최적의 유량·압력이 되도록 조절한다.

수소나 공기는 스택의 출구 부근에서도 충분한 반응이 이루어지도록 하기 위해, 반응에 필요한 양보다도 많게 공급한다. 수소는 1.2~1.3배, 공기는 2~2.5배 정도 보낸다. 스택에서 전부 사용하지 못한 수소는 순환 펌프 등으로 다시 공급구로 되돌아간다. 이렇게 하여 수소는 전부 소비되지만, 순환을 반복하는 사이에 수소 속에 불순물의 농도가 높아져 때때로, 외부로 퍼지(fuzzy)하여 신선한 수소로 교체해야 한다. 배기 공기 속에는 연료전지의 반응에 따라 발생한 수증기를 포함한다. 이 수증기를 냉각하여 수분을 회수하고, 가습에 필요한 물로 이용한다.

- 수소 직접형은 고성능, 제로 이미션(zero emission)
- 수소나 공기를 가습한다.
- 유량이나 압력의 최적제어

Chapter 04 자동차에는 어떻게 사용될 것인가?

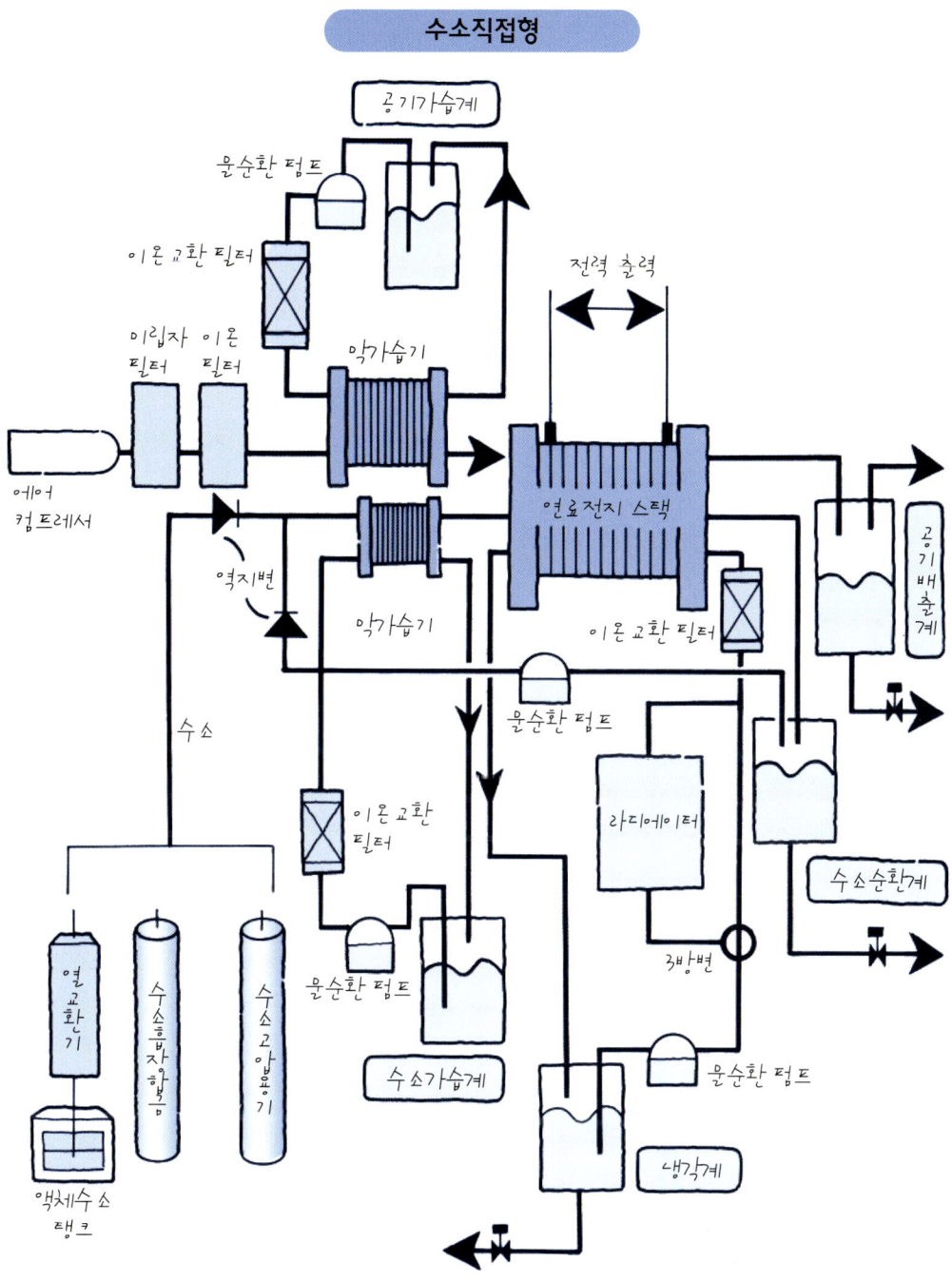

용어해설

스택 : 셀을 적층한 것. 연료전지의 전압은 한 개의 셀당 0.6~0.8V 정도로 운전하기 때문에 고전압이 필요한 때에는 몇 층이 라도 층을 쌓아 사용한다.

38 수소연비의 측정법

가솔린, 디젤과 다르다

지금 가장 실용화가 가깝다고 일컬어지고 있는 것은 고압탱크에 수소를 저장하는 연료전지차이다. 그렇지만 여기에 한 가지 작은 문제가 있다. 그것은 연료전지차의 수소연비를 어떻게 측정할 것인가 이다.

연비의 측정법에는 여러 가지가 있다. 가장 친숙한 것은 **Full Tank법**으로 불리며, 이것은 지금의 차에서도 하고 있는 것처럼 주유소에서 연료를 가득 채우고, 다음 연료 보급까지의 주행거리와 Full Tank 보급에 필요한 연료의 양으로부터 계산하는 것이다. 이 방법은 간단하여 누구라도 할 수 있는 방법이지만 계측 정밀도나 재현성이 나쁘고, 계측에도 시간이 걸려 정식적인 연비 계측방법은 아니다.

지금까지의 가솔린차나 디젤차에서는 **카본 밸런스**(carbon balance)**법**이라는 방법으로 연비를 측정했다. 이 방법은 배출가스 속의 이산화탄소, 일산화탄소, 모든 탄화수소, 즉 탄소를 포함한 성분을 모두 계측하여, 이 탄소량이 연료에 포함되는 탄소량과 동등하다는 관계로부터 연비를 계산하는 방법이다. 이 방법의 장점은 CVS-75 Mode와 같은 정해진 시험 속에서 배출가스 성분의 계측과 연비 계측을 동시에 실행할 수 있다는 점과 차량을 개조할 필요가 없다.

그런데 수소연료전지차는 배출되는 것은 물뿐이므로 이 수분은 원래의 공기에도 포함되어 있고, 고체고분자형 연료전지에서 필요로 하는 가습이라는 조작에 의해 물이 들어온다. 수소가스의 유량을 직접 계측하는 방법은 차량의 수소탱크와 연료전지 사이에 유량계를 넣을 필요가 있다. 그런데 차량의 개조나 유량계를 넣을 만한 공간을 발견하지 못하는 경우도 있어 실용적이지는 않다.

지금 고려되고 있는 방법은 **전류법**이라고 불리는 것이다. 이 방법은 연료전지의 발전 원리로부터 수소의 연비량은 전해질이 이동하는 수소이온의 양과 동등하고, 그 수소이온의 양은 외부로 흐르는 전자의 양, 즉 전류에 의해 측정할 수 있다는 관계로부터 구하는 것이다. 전류는 전선을 클램프(clamp)로 끼우기만 하면 간단히 계측할 수 있기 때문에 차량의 개조는 필요 없다. 또한 수소의 저장 방법을 고압 탱크로 한정하면 **압력법**이라는 방법도 고려할 수 있다.

- Full Tank법은 간단하지만 정밀도와 측정시간이 문제
- 카본 밸런스법은 수소에서는 사용할 수 없다.
- 유력한 전류법과 압력법

연비의 측정법

$$C_nH_m + xO_2 \longrightarrow aO_2 + bCO + cTHC$$

카본 밸런스법에 의한 연비 계측방법(가솔린차, 디젤차)
배출가스 중 이산화탄소, 일산화탄소, 모든 탄화수소에서 가솔린의 소비량을 구한다.

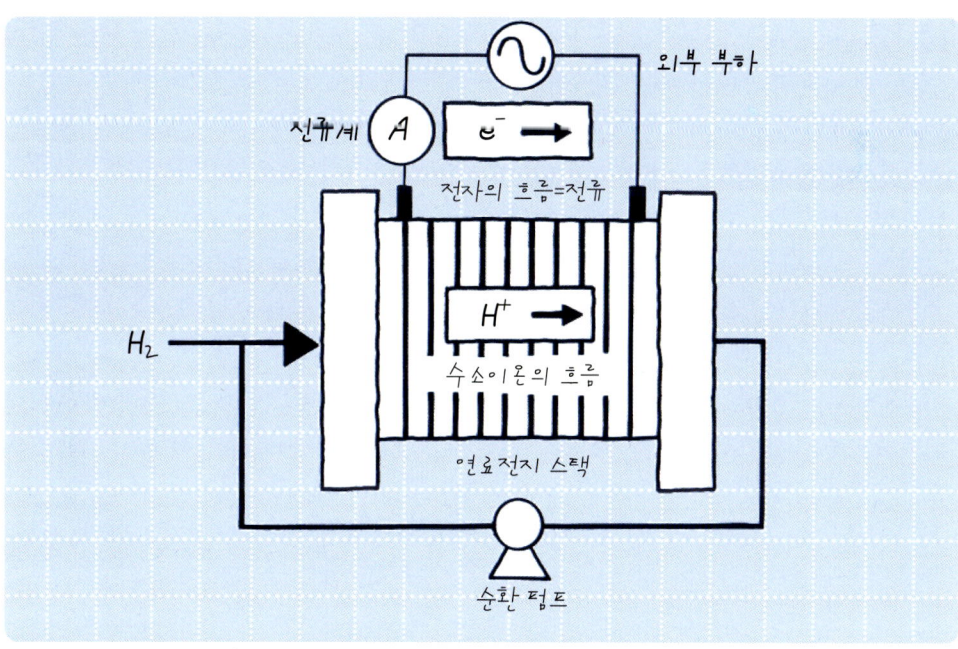

전류(C/sec) = 수소유량(mole/sec) × 반응전자수(2) × Farady 정수(96,485C/mole)
→ 수소유량(cc/min.) = 6.969 × 전류(A) × 셀 수

전류법에 의한 수소연비 계측
전류차에서 수소이온의 흐름=수소의 소비량을 계측한다.

39 메탄올 개질형

수송, 저장에 편리

메탄올은 액체이므로 기체인 수소에 비해 수송이나 저장이 용이하다. 그리고 에너지 밀도도 크고 1회의 연료 보급으로 주행할 수 있는 거리도 가솔린이나 디젤차와 동등하다.

메탄올로부터 수소를 얻기 위해서는 개질기가 필요하다. **개질방식**에는 수증기 개질, 부분산화 개질, 오토서멀 개질이 있다. 수증기 개질은 메탄올과 수증기를 혼합하여, 300℃ 정도의 온도에서 반응시켜 수소와 이산화탄소로 분해하는 방법이다. 이 반응은 외부에서 열을 흡수하여 메탄올 분자 하나에서 4개의 수소 분자를 생성하기 때문에 원래의 메탄올 에너지보다 발생한 수소의 에너지 쪽이 커져서 효율이 높아진다. 외부에서의 열 공급은 시동 시에는 전기히터나 메탄올 버너로 수행하지만, 시동 후에는 연료전지로 이용하지 않은 잉여 연료를 연소시켜서 얻을 수 있다.

부분산화 개질은 메탄올을 소량의 공기(산소)로 도중까지 반응시켜 수소와 이산화탄소를 얻는 방법이다. 이 방법은 메탄올 분자 하나에 2개의 수소 분자를 얻을 수 있다. 이 반응은 외부로부터의 열 공급은 필요 없기 때문에 자발적으로 반응이 진행되고, 시동성이나 응답성에 뛰어나다는 장점이 있다. 반면, 생성되는 수소가 적기 때문에 에너지 효율 면에서는 불리하고, 생성 가스 속에 공기 중의 질소가 남기 때문에 수소의 농도도 낮아지는 단점이 있다.

오토서멀 개질은 수증기 개질의 고효율과 부분산화 개질의 시동성, 응답성의 장점 등을 취한 방식이라고 할 수 있다. 시동 시나 부하가 커질 때에는 부분산화 개질의 비율을 올리고, 정상 시나 열 공급이 충분할 때에는 수증기 개질의 비율을 올려 고효율 운전을 하게 된다.

어떤 방법이라도 개질 반응에 의해서 생성되는 가스 중 1% 정도의 일산화탄소가 남는다. 이 일산화탄소에 의한 연료전지의 성능 저하를 방지하기 위해 소량의 공기를 주입하고, 선택산화 반응에 의해 일산화탄소를 10ppm 이하로 하고, 연료전지의 전극 촉매도 일산화탄소에 강한 백금·루테늄 합금 촉매를 사용한다.

메탄올은 식물이나 생물을 이용한 바이오매스에 따라서도 제조할 수 있고, 화석 연료를 대체한다.

- 수소 직접형보다도 장거리 주행이 가능
- 수증기 개질, 부분산화, 오토서멀의 3가지 방식
- 화석자원 고갈의 문제 해결

Chapter 04 자동차에는 어떻게 사용될 것인가?

메탄올 개질형

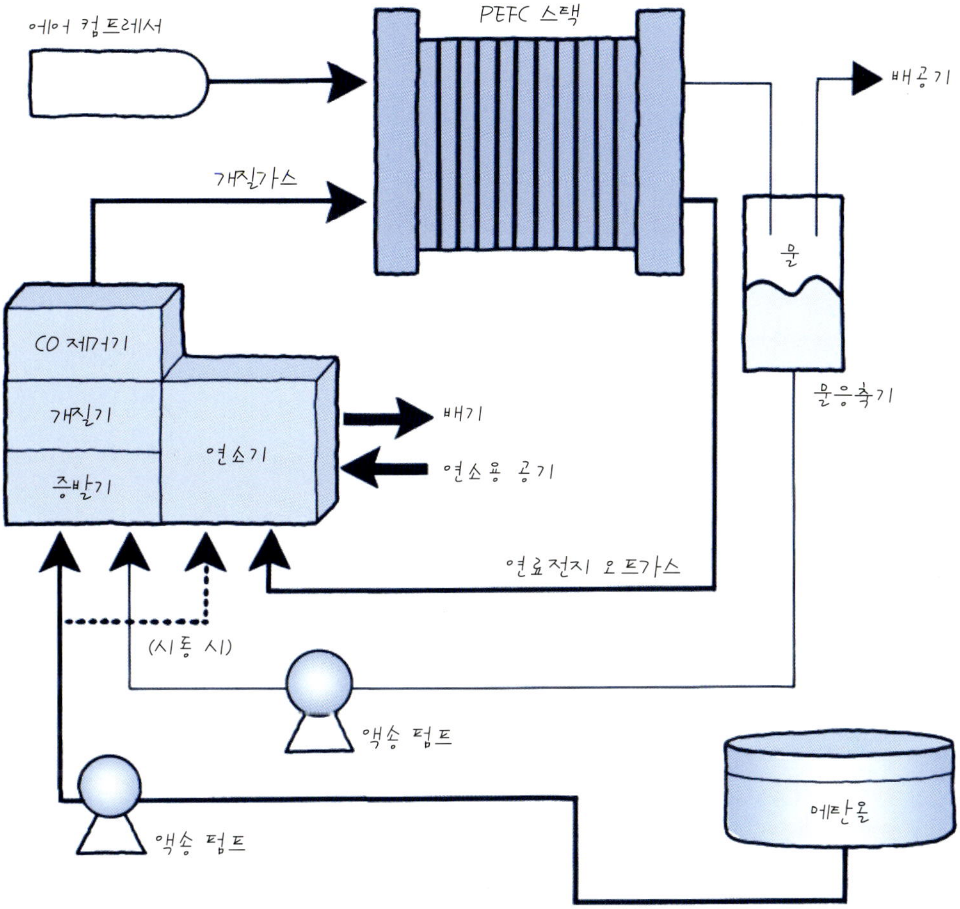

메탄올 개질형 연료전지 시스템(수증기 개질)

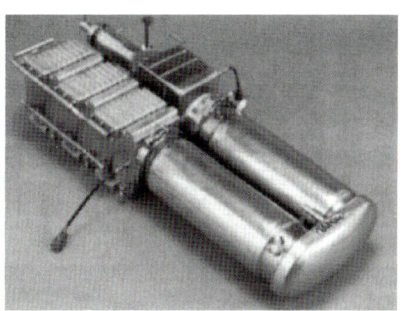

자동차 메이커에서 개발한 메탄올 개질기
(도요타 : 1999년)

사용하기 쉽지만 높은 기술이 필요

가솔린 개질형

가솔린은 우리들에게 있어 일상적인 존재로, 국내 어디에서라도 손쉽게 구할 수 있어 편리하다. 이 편리한 가솔린을 연료로 사용할 수 있으면 연료전지차의 조기 대량보급의 가능성이 높아진다.

그렇다고는 해도 가솔린을 연료전지에 사용하기 위해서는 기술적으로는 상당히 어렵다. 우선, 개질반응에 필요한 온도가 800℃ 이하의 고온이어야만 하고, 600℃ 정도의 온도에서는 반응이 충분히 이루어지기는 고사하고 개질 촉매의 표면에 카본(탄소)이 부착되어 개질할 수 없게 되어 버린다. 고온으로 해야 하기 때문에 재료나 기밀성의 문제도 있지만, 시동에 필요한 가열시간과 가열에 필요한 에너지 소비에도 문제가 발생한다.

다음으로 800℃ 이상의 고온에서는 개질가스 속에 10% 이상의 일산화탄소가 존재하며, 이대로는 연료전지로 사용할 수 없다. 그래서 고온의 개질가스에 물을 주입하여 증발시켜, 400℃ 정도까지 단숨에 온도를 낮추어 카본(탄소)의 석출을 방지하면서, 일산화탄소와 수증기를 반응시켜 수소와 이산화탄소로 변환한다. 이 반응은 **수성 시프트 반응**이라 불리지만, 한 번만으로는 아직 일산화탄소가 수 % 남아 있기 때문에, 다시 온도를 낮추어 200℃ 정도에서 두 번째의 수성 시프트 반응을 수행한다.

이렇게 하여 메탄올 개질과 비슷한 정도로 일산화탄소를 1% 정도까지 삭감할 수 있다. 그 다음으로는 소량의 공기에 의한 **선택 산화 반응**으로 10ppm 이하로 떨어트린다.

이처럼 가솔린 개질은 메탄올 개질에 비교해 고온이고 장치도 복잡함으로 차량에 탑재하는 것이 어렵다. 또한 가솔린에는 수십 ppm 정도의 유황이 포함되어 있어 그대로는 개질 촉매가 손상받게 된다.

최근에는 개질이 간단하며 유황분을 포함하지 않고, 엔진과 연료전지에도 사용할 수 있는 연료를 만들려고 하는 연구가 시작되었다. 미국의 제너럴 모터스와 일본의 도요타가 공동으로 이러한 연료를 개발한다는 발표를 하였다. 그런데 이 방식은 근본인 석유자원으로부터 벗어나는 것과는 직접 관계가 없다는 점이다.

- 개질에는 800℃ 이상의 고온이 필요
- 일산화탄소를 삭감하는 것도 큰일
- 유황분이 없는 새로운 연료에 대한 기대

가솔린 개질형

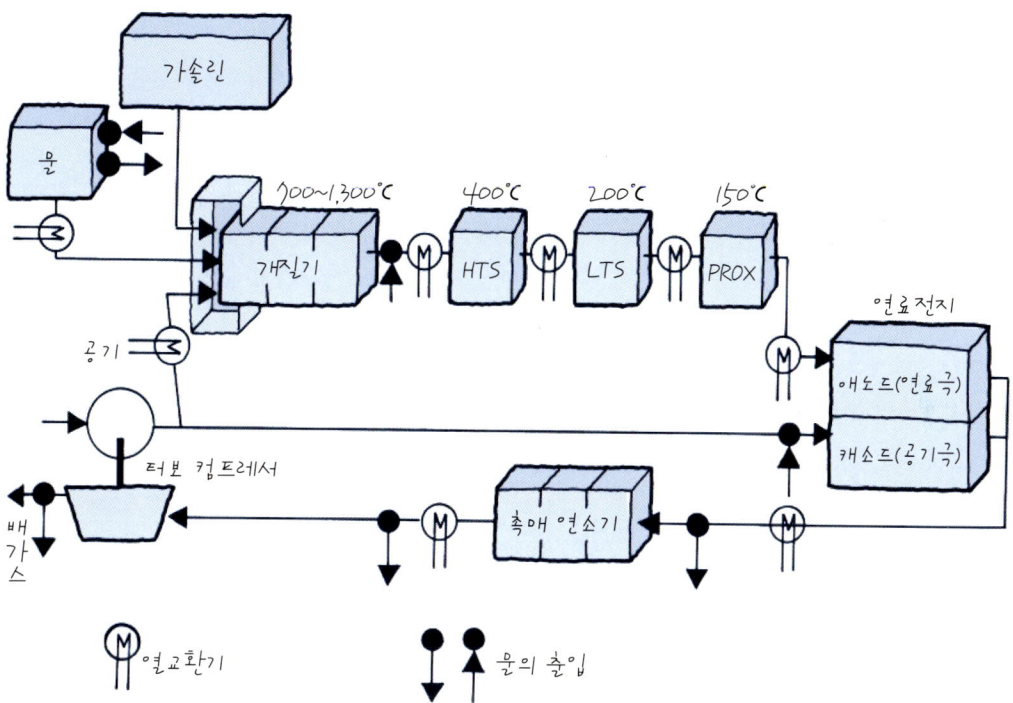

Auto Thermal 방식 가솔린 개질 시스템
Ref: A.Doctor and A.Lamm 'Gasoline Fuel Cell Systems' J.Power Sources(1999)

- HTS : High Temperature Shift Reactor(고온 시프트 반응기)
  CO를 H_2O와 반응시켜서 H_2와 CO_2로 변환한다.
- LTS : Low Temperature Shift Reactor(저온 시프트 반응기)
- PROX : Preferential Oxidation(선택 산화 반응기)

개발 중인 가솔린 개질기
Argonne 국립연구소(미국)

연속 운전에 적합하다

다이렉트 메탄올 연료전지(DMFC)

개질기를 사용하여 메탄올이나 가솔린으로부터 수소를 만드는 방법은 시동성, 응답성이나 시스템이 복잡해지는 등의 기술적인 문제가 있다. 다이렉트 메탄올 연료전지(DMFC)는 개질기를 사용하지 않고 메탄올로부터 직접 발전하자고 하는 것이다. DMFC는 고체고분자형과 마찬가지로 수소이온 전도막을 전해질로 하고 구조도 매우 비슷하다.

메탄올 분자는 탄소와 산소의 외부에 수소가 붙어 있는 구조를 하고 있다. 이 수소를 하나씩 분리하여 수소이온과 전자로 나누어 발전에 이용하는 것이 **DMFC의 반응**이다. 메탄올로부터 수소가 전부 분리되면 마지막에는 탄소와 산소가 남고 일산화탄소의 상태가 된다. 그래서 이것을 물과 반응시켜, 수소이온과 전자를 2개씩 이산화탄소로 변환시킨다. 수소이온과 전자는 연료전지에서 발전에 이용하고, 이산화탄소는 전극에서 가스가 되어 방출된다. 이러한 방법으로 메탄올로부터 직접 발전하는 것이 가능하다. 실제로는 여러 가지 경과를 거쳐 반응이 일어나지만, 처음과 마지막은 메탄올과 물에서 수소이온, 전자와 이산화탄소가 되는 반응이다.

DMFC의 반응은 그림으로 나타내면 간단하지만 실용화에는 여러 가지 과제가 있다. 그중 하나는 메탄올이 전극에서 반응하지 않고 고분자막을 투과해버리는 **크로스 오버**(cross over)라 불리는 현상이다. 크로스 오버가 일어나면 메탄올이 기능을 하지 못하고 소비될 뿐 아니라 연료전지의 출력도 저하된다. 전해질이 되는 고분자막은 수분을 머금기 쉬운 성질이 있어, 물과 성질이 비슷한 메탄올도 고분자막에 침투되어 버리기 때문이다.

두 번째 과제는 메탄올에서 마지막으로 남은 일산화탄소와 물과의 반응이 늦어, 이 과정에서의 에너지 손실이 크다는 점이다. 전문적으로는 **활성화 과전압**이라 불린다. 수소를 연료로 하는 경우에 비교하여, 연료극 측에서의 촉매 활성을 한층 더 높일 필요가 있다. 연속 운전이 가능하므로 휴대전화나 모바일 컴퓨터의 전원으로도 유망하다.

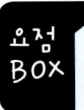

- 개질기가 필요 없는 간단한 발전
- 과제는 메탄올의 투과와 촉매의 고활성화
- 휴대전화나 컴퓨터의 전원에도 사용

다이렉트 메탄올 연료전지

연료극에서의 반응
$$CH_3OH + H_2O \longrightarrow CO_2 + 6H^+ + 6e^-$$

공기극에서의 반응
$$3/2O_2 + 6H^+ + 6e^- \longrightarrow 3H_2O$$

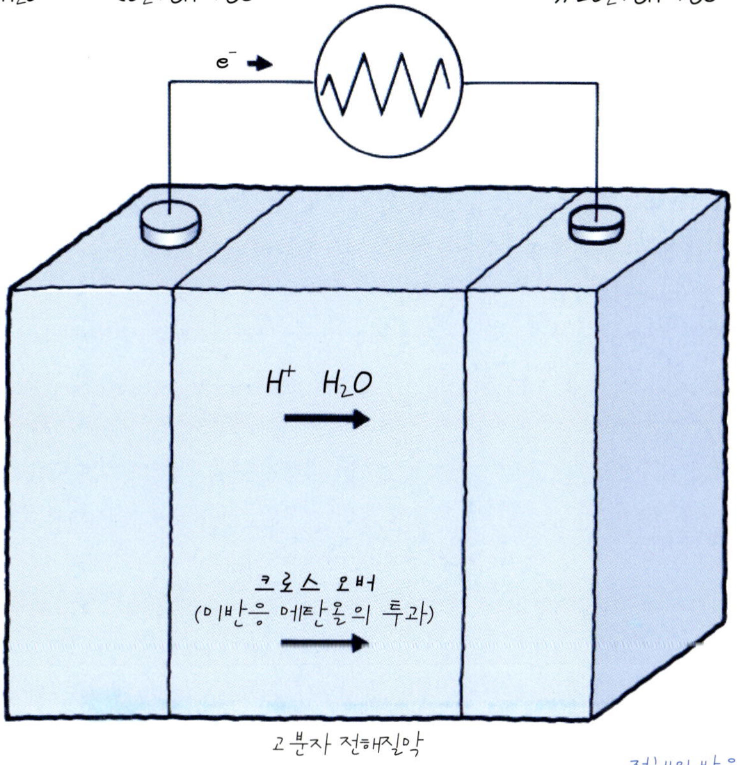

e^- →

H^+ H_2O →

크로스 오버
(미반응 메탄올의 투과)
→

고분자 전해질막

전체의 반응
$$CH_3OH + 3/2O_2 \longrightarrow CO_2 + 2H_2O$$

다임러 크라이슬러사가 발표한 DMFC Go-Cart(2000년)

보조 전원에 큰 역할

하이브리드 연료전지차

하이브리드차의 장점은 ① 연료전지를 조건이 좋은 곳에서 운전한다. ② 브레이크의 에너지를 회수하여 축적한다. ③ 발진가속 시처럼 큰 파워를 필요로 할 때의 어시스트를 한다 ④ 급격한 부하 변동에 대한 응답성을 개선한다. ⑤ 아이들링 스톱 시의 에어컨 구동 등을 꼽을 수 있고, 또한 개질형의 연료전지에서는 이에 더불어, ⑥ 개질기가 시동될 때까지 보조 전원에 의해 단독 주행한다. ⑦ 급감속 시에는 잉여의 개질가스가 발생하므로 잉여 발전분을 회수하는 등의 역할도 수행한다.

엔진 하이브리드차는 엔진에 의한 기계적인 구동력과 모터에 의한 전기적인 구동력의 조합으로 하이브리드방식이 정의되지만, 연료전지차는 차량 구동은 모터뿐이므로, 구동력이 아니라 전원으로서 연료전지와 다른 보조 전원의 조합으로 정의하게 된다. **전력 배선**은 시리즈 타입(series type)과 패러럴 타입(parallel type)이 같이 접속되지만, 전력 분담이나 부하 변동에 대한 대응으로서 다음과 같은 정의가 고려된다.

시리즈 타입에서 연료전지는 일정 부하에서 운전되며, 보조 전원의 충전기로서 기능하고, 모터로의 전력 공급은 보조 전원이 담당하게 된다. 이 경우는 보조 전원이라고 해도 출력은 연료전지보다 크다. 패러럴 타입은 연료전지가 모터 구동을 메인으로 담당하고, 보조 전원은 제동에너지 회생이나 파워 어시스트를 담당하게 된다. 노선버스처럼 제동에너지 회생이 전체 효율 향상에 큰 역할을 하는 것에서는 보조 전원의 비율이 커진다.

보조 전원의 종류로는 니켈수소나 리튬이온 등의 배터리가 일반적이지만, 연료전지와 배터리의 전압 특성이 다른 경우는 쌍방의 전압을 맞추기 위해 어느 한쪽에 컨버터를 설치할 필요가 있다. 부전원으로서 커패시터(capacitor, 전기이중층 콘덴서)를 사용하는 경우는 연료전지의 전압 변화에 대응하여 커패시터의 충·방전이 되기 때문에, 전압 조정을 위한 컨버터가 필요 없을 수도 있다.

- 메리트가 많은 하이브리드 연료전지차
- 시리즈 타입과 패러럴 타입 2가지가 있다.
- 보조 전원에는 배터리일까, 커패시터일까?

Chapter 04 자동차에는 어떻게 사용될 것인가?

하이브리드 연료전지차

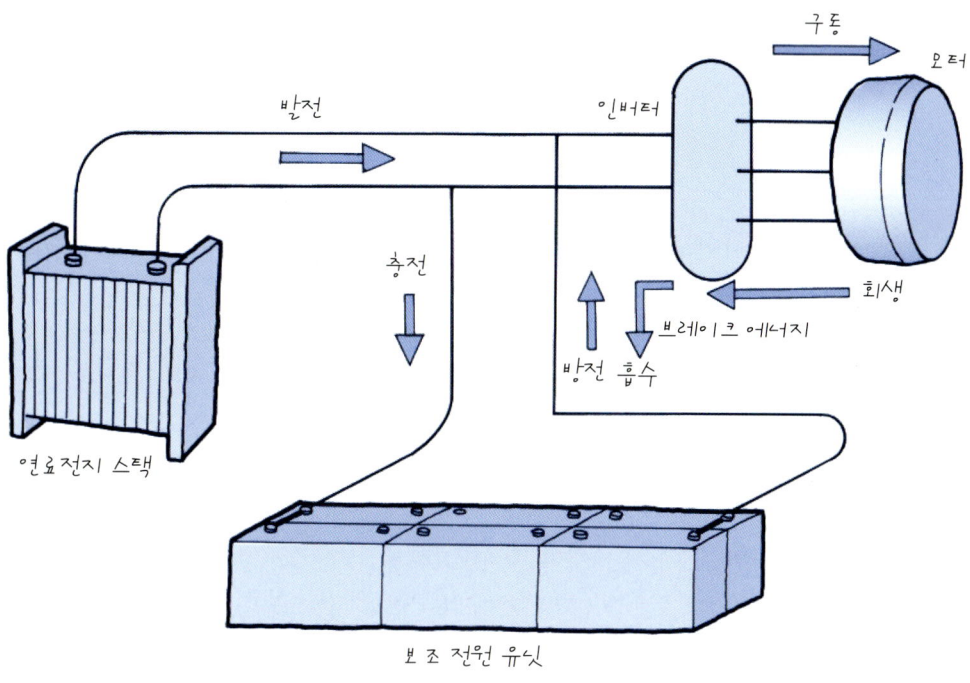

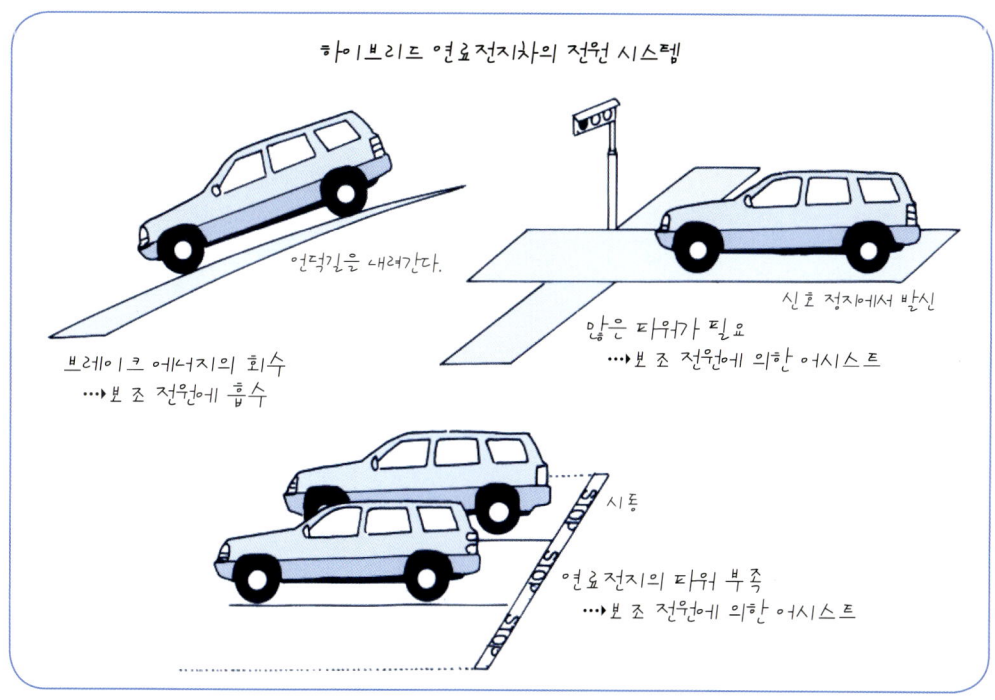

기존의 차에 없는 많은 부품
연료전지차용 전용 부품

연료전지차에는 스택이나 개질기와 같은 연료전지의 주요 부품 외에 많은 전용 부품이 필요하다.

에어 컴프레서는 연료전지에서 필요로 하는 공기를 압축하여 공급한다. 지금까지의 엔진차에서는 터보차저(turbo charger)나 슈퍼차저(super charger)와 같은 공기를 보내는 과급기가 있다. 이들은 배기의 에너지나 엔진으로부터 벨트를 구동해야만 한다.

연료전지차는 일반적으로 1.5~3.0기압 정도의 압력이 필요하고, 100마력 정도의 연료전지라면 공기의 양은 매분 5m³ 정도가 필요하며, 대량의 공기를 보내기 위한 동력은 연료전지 출력의 10% 이상이 필요하다. 연료전지 전용의 효율이 높은 에어 컴프레서의 개발이 필요하며, 연료전지도 낮은 압력에서 적은 공기량으로 출력을 올릴 개선 및 연구가 필요하다.

수소직접형 연료전지는 잉여 수소를 순환시키기 위한 **펌프**가 필요하다. 수소는 새어나가기 쉽고 폭발하기 쉬운 가스이므로, 기밀성의 확보나 점화의 우려가 있는 요소를 사전에 제거하는 등 세심한 배려가 필요하다. 수소의 순환에는 펌프방식 외에 공급되는 수소의 힘으로 순환 수소를 흡입하는 이젝터(ejector)라 불리는 방식도 있다.

냉각 시스템의 부품도 특수한 것이 필요하다. 스택의 냉각수는 스택 내부의 단락이나 냉각수를 통한 외부로의 누전을 방지하기 위해, 절연성이 높은 것을 사용해야 한다. 그 때문에 냉각수 펌프나 배관은 불순물 이온의 용출이 없는 재료를 처리해야 하고, 절연성을 저하시키는 이온을 제거하기 위한 필터도 필요하다. 고체고분자형 연료전지는 80℃ 정도로 운전되기 때문에 한여름의 외부 기온에서도 충분한 냉각 능력을 가지는 라디에이터(radiator)도 필요하다.

고체고분자형 연료전지는 전해질이 되는 고분자막을 상시 습한 상태로 해야만 하고, 그 때문에 공기나 수소를 가습하고 있다. 가습에 필요한 물을 수증기를 함유한 배기 공기 속에서 회수하기 위한 **응축기**도 필요하게 되는 것이다.

- 에어 컴프레서의 동력부하 경감
- 수소의 순환
- 전기 절연성이 높은 냉각수

연료전지차용 전용 부품

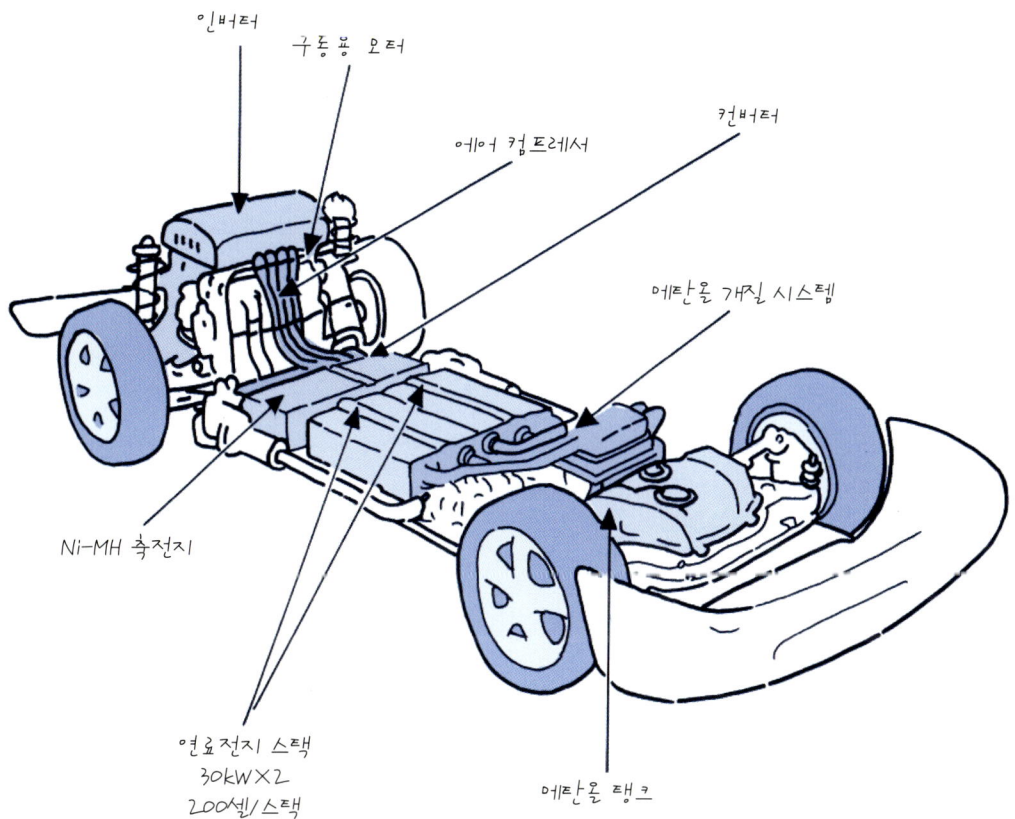

시스템 부품을 탑재한 연료전지차 모델(혼다: 1999년)

격화되는 개발경쟁

세계의 자동차 메이커의 착수

1980년대부터 1990년대 전반은 캐나다의 Ballard사나 미국의 Energy Partners사와 같은 연료전지 메이커가 차를 개발했었지만, 1994년에 **다임러 크라이슬러**사(당시, 다임러 벤츠)가 NECA1을 발표하고 나서, 전 세계의 자동차 메이커에서 연료전지차의 개발이 본격화되었다.

다임러 크라이슬러는 연료전지차의 개발에 관해 항상 선도적인 역할을 해왔다. 그때까지 자동차용 고체고분자형 연료전지에서 높은 기술력을 자랑했던 캐나다의 Ballard Power Systems사에 투자하여 참가하고, 자동차용 연료전지 시스템의 개발회사 Dbb Fuel Cell Engins사(나중에 Excelsys사)를 설립했다. 그 후 미국 포드사와도 공동 제휴를 체결하여, 모터 구동계를 포함한 종합개발 체제를 구축했다.

다임러사는 연료전지 탑재를 고려하여 개발한 소형 승용차 A클래스를 기본으로 메탄올 개질형, 액체수소, 고압수소 등의 시험제작 차량을 잇달아 발표했다. 그리고 지붕 위에 고압수소 봄베(bomb)를 나열하여 탑재한 대형 연료전지버스의 개발도 착수, 전 세계에서 시험주행을 실시했다.

다임러와 연료전지차 개발에서 공동제휴를 한 포드사도 Ballard사, Excelsys사의 기술을 활용하여 P2000, 포커스 FCEV를 개발하여 공공도로 주행시험을 거듭하고 있다. 그리고 산하의 마츠다에서도 메탄올 개질형 Premacy FCEV를 개발, 공공도로 주행시험을 실시했다.

세계 최대의 자동차 메이커, 미국 제너럴 모터스사는 산하의 독일 Opel사를 중심으로 미니 밴 Zafira를 베이스로 연료전지차를 개발하여 세계 각국에서 시범주행을 하고 있다. 2000년 시드니 올림픽에서는 마라톤의 선도차량에 쓰여 무공해 연료전지차의 실용성을 어필하였고, 도요타나 Exxon과 연료전지차용 신연료의 공동개발을 수행하였으며 Volkswagen사도 적극적으로 개발에 착수하였다. 또한 국내 **현대·기아자동차**에서는 2000년 싼타페 FCEV(75kW)를 시작으로 활발히 진행되고 있다.

- 선도적 역할을 다하는 다임러 크라이슬러
- 제휴 파트너 포드사의 개발
- 제너럴 모터스와 도요타의 공동개발

차례로 요소 기술의 개발로
세계를 리드하는가? 자동차 메이커

다임러 크라이슬러의 독무대라고 생각된 연료전지차 개발경쟁도 최근에는 국내 및 일본의 자동차 메이커의 활약이 눈에 띄고 있다.

국내에서는 지난 1998년 국가 G7 사업 및 차세대자동차 개발사업을 바탕으로 연료전지자동차가 개발되기 시작했다. 이를 바탕으로 현대자동차와 한국과학기술원은 1999년과 2001년 각각 10kW급, 25kW급의 스택 개발을 통해 스포티지 연료전지 하이브리드차와 싼타페 연료전지 하이브리드차를 제작해 시연했다. 이후 현대·기아자동차는 국내 유수 연구소와의 요소기술개발을 통해 독자기술력을 확보했으며, 미국 IFC사(현 UTC FC)와의 공동개발을 수행하여, 2000년 11월 75kW급 스택을 장착한 싼타페 연료전지차를 개발했다. 2004년에는 저온 시동성이 개선된 투싼 연료전지자동차를 개발했으며, 2005년에는 스포티지 연료전지자동차를 개발, 2008년에는 1회의 수소충전으로 600km 이상을 주행할 수 있는 모하비 연료전지차를 개발해 2009년 12월부터 일반인과 자동차 담당 관계자 등을 중심으로 본격적인 테스트를 거쳤다. 현대·기아자동차는 2010년에는 소량생산 과정을 거쳐 2012년에는 FCEV의 양산을 목표로 하고 있다.

혼다자동차는 1999년에 수소흡장합금탱크를 탑재한 FCX-V1을 발표했다. FCX-V1에는 Ballard사가 만든 연료전지가 사용되었지만, 동시에 발표한 메탄올 개질형 FCX-V2에는 자사에서 만든 연료전지 스택을 탑재했다. 그 후 고압수소 봄베(bomb)를 탑재한 FCX-V3를 개발하고, 미국 캘리포니아주의 CaFCP에도 일본의 자동차 메이커로서는 가장 먼저 참가했다.

FCX-V3은 보조 전원으로 배터리가 아닌 커패시터(전기이중층 콘덴서)를 탑재한 독창적인 시스템으로서 주목을 받았다. CaFCP에 참가한 FCX-V3은 약 6개월간 5,000km 이상을 주행하여, 동시기에 참가한 다른 자동차 메이커에 비교해 높은 평가를 받았다. 그리고 미국 로스앤젤레스 연구소에서는 태양발전에 의한 수소제조·공급스테이션을 건설하여 연료전지차 개발 및 이산화탄소를 배출하지 않는 순환형 에너지 공급의 실증에도 적극적인 연구를 수행하고 있다.

도요타 자동차는 1996년에 수소흡장합금탱크를 탑재한 RAV-4를 베이스로 한 연료전지차, 1997년에는 메탄올 개질형의 연료전지차를 발표했다. 그 후 덴소, 아이신 세이키 등 도요타그룹의 총력을 집결하여 스택이나 개질기, 에어 컴프레서 등의 요소 기술을 축적하여, 2001년에 크루거 V를 기초로 한 FCHV-3(수소흡장합금), FCHV-4(고압수소), 산하의 히노자동차와 공동으로 연료전지 하이브리드 대형버스 FCHV-BUS1을 계속하여 발표했다. 이중 FCHV-4, 5대를 국토교통대신의 인정을 받아, 공공도로 주행시험을 시작했고, 도요타는 엔진차와도 공용이 가능한 개질형 연료전지차용의 신연료, 클린 하이드로 카본 퓨엘(Clean Hydro Carbon Fuel)의 개발을 제너럴 모터스와 Exxon 공동으로 시작했다.

세계를 리드하는가? 자동차 메이커

혼다:FCX-V4

도요타:FCHV-4

요점 BOX
- 급속하게 실적을 올리고 있는 혼다의 기술진
- 도요타가 그룹의 총력을 집결

널리 이해되는 시스템으로
공공도로실증(해외편)

불과 10년 전에 「꿈의 차」, 「궁극의 환경자동차」로 불린 연료전지차가 일반공공도로를 달리는 시대가 되었다.

신기술의 개발은 자동차 메이커 가운데 비밀리에 이루어지며, 실험실이나 테스트 코스에서 성능시험과 개량이 거듭되어 깜짝 놀랄만한 등장을 하는 것이 보통이지만, 전 세계의 도로환경은 일반공공도로와 달라 급경사진 언덕이나 정체, 먼지나 배기가스, 오수, 해수, 고지대, 고온 등 예상이나 재현할 수 없을 정도로 많이 일어난다.

특히 지금까지의 실적이 없는 연료전지차의 등장은 일반공공도로에서의 주행시험이 아무래도 필요한 것이다. 또한 수소, 연료전지라는 새로운 연료나 기술을 사회로 침투시키기 위해서는 일반인들이 친숙하게 받아들이도록 준비기간도 필요하다. 수소의 제조, 수송, 차량으로의 공급 방법 등은 하나의 메이커나 업계만으로는 결정할 수 없고, 수많은 산업계의 협력이 필요하다. 그리고 그 나라의 법률이나 제도 등 자치단체의 시스템 변경도 필요하다.

이러한 배경 하에 전 세계에서 연료전지차의 공공도로 실증시험의 프로그램이 진행되고 있다.

캐나다의 밴쿠버와 미국 시카고에서는 1996년부터 4년간의 프로젝트로 각각 3대의 연료전지버스를 시내버스로 운행하고, 비와 눈 속을 주행한 총 주행거리는 10만 km, 1만 시간 이상, 20만 명 이상의 승객을 태우고 공공도로실증을 실시하였다. 이 프로젝트에 의해 연료전지버스의 성능, 신뢰성, 실용성이 실증되었다.

미국 캘리포니아주에서는 1994년에 행정기관, 자동차 메이커, 연료공급 메이커, 버스운행회사 등이 협력하여, 연료전지차의 기술실증, 석유대체연료(수소)의 인프라 기술개발, 사회에 대한 계몽을 도모하는 프로젝트를 발족시켰다. 이 프로젝트는 California Fuel Cell Partnership(CaFCP)이라 불리며, 자동차 메이커에서는 국내의 현대와 다임러 크라이슬러, 포드, GM의 빅 3를 비롯하여 일본에서도 혼다, 닛산, 도요타의 3사와 폭스바겐(독일)과 같은 전 세계의 주요 자동차 메이커가 참가했다.

- 공공도로실증의 의의
- 밴쿠버, 시카고의 연료전지버스의 성공
- 캘리포니아주의 대규모 착수

공공도로실증(해외편)

California Fuel Cell Partnership의 심벌마크

기술 파트너
- Ballard Power Systems
- IFC
- Daimler Chrysler
- Ford
- GM
- Honda
- 닛산
- 도요타
- Volkswagen
- Excelsys

연료 파트너
- BP
- Exxon Mobil
- Shell
- Texaco

정부 파트너
- 캘리포니아 대기자원국
- 캘리포니아 에너지위원회
- SCAQMD
- 미국 에너지지원국
- 미국 운수성

협찬 파트너

연료 인프라
- Air Product and Chemical
- 하이드로젠 버너
- 에타섹스
- 퍼시픽 가스 & 일렉트릭
- Prax Air
- 프로톤 에너지 시스템즈

Bus Demonstration
- 아라미다 콘라 코스타 교통국
- Santa Clara Valley 교통국

연구협력

연구기관
- 조지타운
- 사막연구소
- 캘리포니아대학-데비스교

정부기관
- Los Alamos-국립연구소
- SCAQMD
- 하와이주 에너지자원기술부
- 에너지지원약교통기술-office

공적기관
- 캘리포니아 수소비지니스 협의회
- 유럽수소 프로젝트연합
- 연료전지 2000
- 전미수소협회
- 세계연료전지협의회

California Fuel Cell Partnership의 참가기관

47 공공도로실증(국내편)

저공해성을 실증

  국내에서는 수소연료전지자동차의 조기보급을 위하여 서울시와 현대·기아자동차가 공동으로 실제 도로를 운행하여 차량성능 등을 확인하는 '실증운행 참여협약'을 체결하여 공공도로 실증시험에 나섰다. 실증운행 차량은 모하비와 투싼 수소연료전지자동차로 현대·기아자동차가 독자 개발한 115kW와 100kW급 연료전지를 탑재하여 뛰어난 가속력에 최고시속 160km, 수소 1ℓ로 23km를 주행하는 운행 경제성도 갖추고 있다. 서울시는 수소연료전지자동차를 인도받아 환경순찰, 대기오염 감시 등 업무용으로 활용하면서 차량성능 등을 모니터링하고 있다. 수소연료전지자동차는 수소를 공기 중에 있는 산소와의 반응을 통하여 발생하는 전기를 사용해 1회 충전 후 최대 650km(서울→대구 왕복운행 가능)까지 주행이 가능하다.

  공공도로실증 운행하는 수소연료전지자동차로는 모하비 19대와 투싼 14대 등 총 33대로 2년간 서울시 맑은환경본부 등 19개 부서에서 환경개선 및 자치구에서 시민을 위한 지원업무에 주로 활용되며, 구체적으로 공원순찰, 대기오염 순찰, 환경교육, 외국방문객 지원, 민원상담 지원방문, 소방·재난업무, 도시시설물 안전관리 등에 이용된다. 또한 실증운행과 더불어 수소스테이션을 확충하여 차량의 충전을 원활히 할 수 있는 충전 인프라 구축도 진행하고 있다.

  국내 수소연료전지자동차 개발사업은 2000년부터 현대자동차에서 독자적으로 추진하여 서울시 등과 함께 2006년 8월부터 2010년 12월까지 1단계 모니터링에 이어 본격적인 2단계 실증단계에 와 있다. 서울시는 2010년에 개최된 G20 서울정상회의 등에서 내외신 기자 취재와 행사참가자 이동지원으로 모하비 수소연료전지차를 지원하여 전 세계적으로 우수한 기술을 가지고 있는 국내의 수소연료전지자동차 기술을 홍보한 바 있으며, 정상회의 기간 중 탄천주차장에서 회의장까지 이동하는 셔틀버스도 수소연료전지버스로 운행하였다.

  또한 서울시는 2009년에도 중앙정부와 현대·기아자동차와 함께 공동으로 추진하는 '수소연료전지자동차 100대 실증사업'에 지방자치단체 최초로 수소연료전지자동차 시범운행에 참여하기도 하였다.

- 수소연료전지자동차의 시작
- 메이커도 본격적으로 착수하는 수소연료전지차
- 국가 주도의 공공도로실증도 차례로 계획된다.

연료전지차의 색다른 사용법

잠깐 휴식하면서 연료전지차의 색다른 이용 방법에 대해 생각해 보자.

자동차용 연료전지의 출력은 승용차용이 50~100kW, 대형버스용이 250kW 정도로 개발이 진행되고 있다. 숫자로 나타내 보면 이미지가 떠오르지 않지만, 일반 가정에서 사용하는 전력이 220V×25A=5.5kW라고 하면 승용차 1대가 약 10~20채, 대형버스는 약 50채 분량의 전력을 발생하는 것이 된다.

실제는 모든 가정에서 동시에 전력용량을 최대로 사용하는 경우는 없기 때문에 이것의 2배 정도 가정의 전력을 공급하는 것이 가능하다. 이웃이나 아파트 등에서 공동으로 1대의 연료전지차를 가지고 있으면 정전이나 화재 시에도 안심하고 전기를 사용할 수 있게 될지도 모른다. 전기의 공급은 화재 시에만 한정된 이야기는 아니다.

전력회사에서는 전주나 트랜스 교환을 위한 1차적으로 지역 전력을 차단해야만 하는 공사를 실시하고 있다. 일시적이라고는 하지만, 정전은 큰 문제이므로 이러한 때에 활약하는「무정전 전원차량」을 배치하여 정전 없이 공사를 진행한다. 지금까지는 대형 디젤발전기가 사용되었지만, 소음이나 배기가스의 문제가 있어 야간이나 주택가에서 사용하기 어렵다. 연료전지에 의한 무정전 전원차량이 상용화되면, 발전기를 적재할 필요 없이 작은 차량으로, 게다가 조용하고 배기가스도 없기 때문에 시간과 장소에도 구애받지 않고 공사를 진행할 수 있다.

공사라고 하면 야간공사의 조명에도 전기는 필요하다. 여기서도 연료전지차의 조명기가 활약할 것이다.

캠프장이나 축제광장에서의 소형 발전기의 소음도 없앨 수 있으나 전기가 없는 자연 속에서의 캠프나 야간 상점 등의 발전기 소리의 조합은 그 나름대로의 풍취가 있어 친숙한 느낌이지만, 연료전지차가 일상적인 것이 된다면 이러한 상황도 점차 변화되어 갈 것이라 생각된다.

Chapter 05

보급에 대한 과제

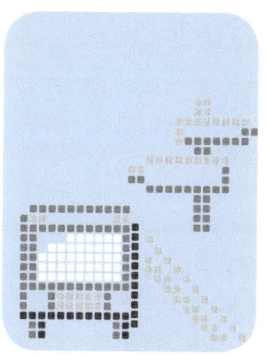

48 _ 수소저장탱크(고압탱크)
49 _ 수소저장탱크(수소저장합금)
50 _ 카본 나노튜브
51 _ 인프라를 어떻게 할 것인가?(수소제조)
52 _ 인프라를 어떻게 할 것인가?(수소스테이션)
53 _ 가볍고, 컴팩트하게
54 _ 연료전지의 가격은 어디까지 내릴 수 있을까?
55 _ 총합에너지 효율에서 본 연료 선택
56 _ 연료전지차의 안전성
57 _ 규제완화와 법률의 정비
58 _ 국가의 지원
59 _ 표준화를 위한 진행

가볍고 작게

수소저장탱크(고압탱크)

수소연료전지차의 실용화 과제의 하나로 수소의 차량적재 **저장방법**을 꼽을 수 있다. 수소는 기체이며, 체적당 에너지 밀도가 작고, 차의 성능으로서 필요한 주행거리를 얻기 위해서는 가볍고, 작게 수소를 저장하는가가 문제이다.

가장 일반적인 방법은 **고압탱크**이지만, 지금까지 사용해 온 저장탱크는 7m³(수소의 무게로 불과 625g 정도)의 수소를 저장하는 것만으로도 약 50kg이나 되는 무게가 되어 버린다. 300km 정도의 주행거리로 하기 위해서는 4배 이상의 수소를 저장해야 하기 때문에 탱크의 무게는 200kg이나 되어 버린다.

그래서 고안된 것이 **알루미늄탱크**에 수소를 저장하고, 그 주위를 유리섬유 강화플라스틱(FRP)이나 카본섬유 강화플라스틱(CFRP)으로 보강하는 방법이다. 섬유를 감는 방법을 탱크인 동의 주(周)방향으로 감는 패러렐(parallel) 방식뿐만 아니라, 나선 형태로 감는 헬리컬(helical) 방식도 조합한 Full wrap 용기가 개발되었다. 거기에다 알루미늄도 플라스틱제로 하여 경량화를 한층 더 도모한 타입도 개발되었다. 이러한 개선으로 인해 기존 강제(鋼製)로 만든 탱크와 비교해 1/3 이하의 무게가 되었다.

그래도 탱크의 무게당 수소저장량은 2% 정도밖에 되지 않는다. 그래서 이번에는 수소를 충전하는 압력을 높이는 것이 고려되고 있다. 지금까지는 200기압 정도의 압력으로 충전했던 것을 350기압, 혹은 700기압까지 높였다. 이렇게 하여 수십 kg의 고압탱크로 350km 이상의 주행거리를 실현하였다.

이러한 **탱크의 고압화**가 진행된 가운데 잊어버려서는 안 되는 것이 안전성의 확보이다. 고압탱크를 개발하는 가운데서 어떠한 경우라도 결코 파열·폭발하지 않는 안전성 확보가 꼭 배려되어야만 한다.

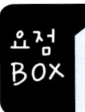

- 무거운 강제(鋼製)의 탱크
- FRP나 CFRP로 보강한 경량 고압탱크의 개발
- 안전성 확보는 절대의 기본

수소저장탱크(고압탱크)

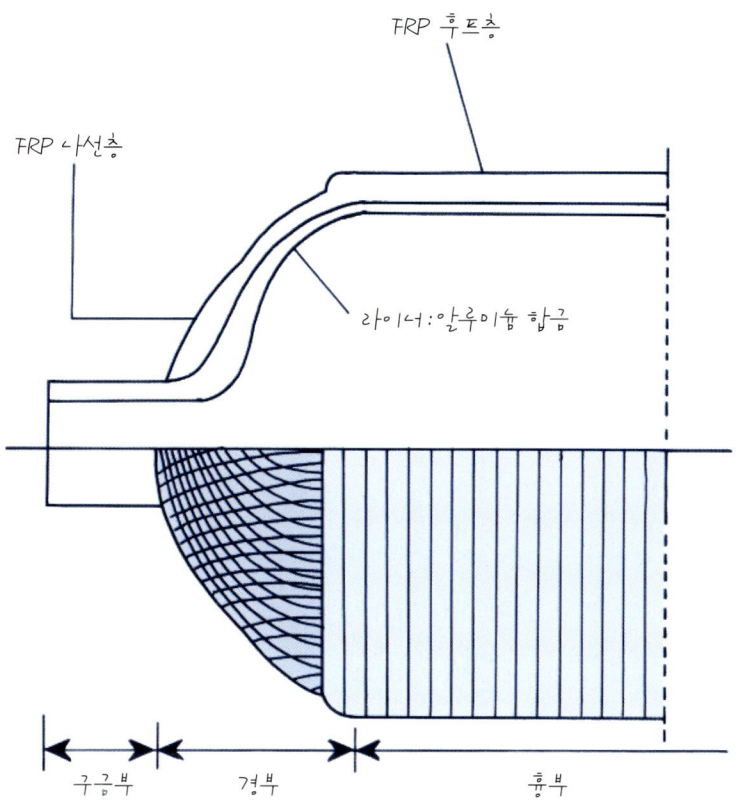

경량 고압탱크의 구조

알루미늄 라이너+CFRP 강화의 고압탱크
Dynetek사

고압탱크의 화재시험
(본파이어시험)
Powertech사

나노기술을 활용

수소저장탱크(수소흡장합금)

수소를 안전하게 고밀도로 저장하는 방법으로 **수소흡장합금탱크**가 있다. 금속은 수소와 반응하여 금속수소화 물질을 형성한다. 특히 팔라듐(Pd), 티탄(Ti), 지르코늄(Zr), 희토류 금속(원자번호 57~71에 이르는 희유금속류의 하나) 등은 결정의 틈새에 다량의 수소 원자를 저장한다. 이러한 금속을 이용한 것이 수소흡장합금이다.

수소흡장합금의 장점은 10기압 미만의 낮은 압력으로 액체수소보다도 높은 밀도에서 수소를 저장하는 것과 수소를 방출하기 위해서는 외부로부터 열을 가해야만 하고, 저장한 수소를 단숨에 방출하지 않아 위험성이 낮다. 수소흡장합금은 니켈수소전지로 이미 일상에서 실용화되었다.

수소흡장합금을 자동차용의 수소저장탱크로서 이용하기에는 합금의 분말을 수납하는 부분에 수소를 공급함과 동시에 수소의 흡장, 방출 시에 필요한 냉각, 가열하는데 필요한 촉매를 공급하는 부분이 필요하다. 지금까지 도요타의 RAV-4FCEV(FCHV-1), 마즈다의 데미오 FCEV, 혼다의 FCX-V1 등의 연료전지차가 개발되었다. 일본의 자동차 메이커가 수소흡장합금탱크를 채용하는 이유는 안전성이 높고 고압가스보안법의 적용대상이 되지 않는 것과 탱크의 용적을 작게 하여 소형차에 탑재가 쉽다는 것이다.

수소흡장합금의 문제는 무거운 금속에 가벼운 수소를 저장량에 따라, 탱크 전체가 무거워져 버린다는 것이다. 그래서 비교적 가벼운 금속 원소인 마그네슘(Mg)을 기반으로 수소흡장합금을 개발하였다. 마그네슘은 이론상 중량비는 7.6%라는 높은 밀도로 수소를 흡장할 수 있는 금속이지만, 흡장한 수소를 방출시키는데 250℃ 이상의 고온이 필요하게 되어 연료전지차에서 사용하기에는 곤란하다. 최근에는 마그네슘과 팔라듐을 나노미터(10억 분의 1미터) 수준으로 적층하여, 낮은 온도에서도 수소를 방출하기 쉬운 팔라듐의 자극에 의해 마그네슘으로부터도 수소를 방출시키려고 하는 연구도 진행되고 있다.

- 낮은 압력에서 고밀도로 수소를 저장
- 탱크가 부서져도 단숨에 수소를 방출하지 않는 안전성
- 콤팩트하게는 되지만 경량화가 과제

수소저장탱크(수소흡장합금)

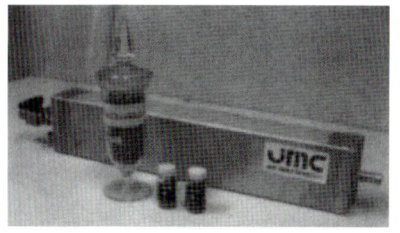

수소흡장합금탱크(일본 중화학공업)

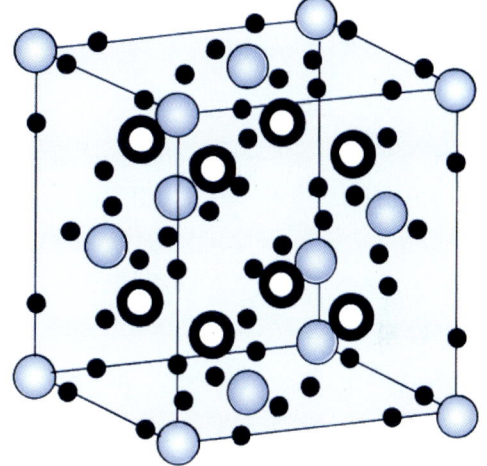

마그네슘계 수소흡장합금의 결정 구조

◯ :Mg, ⬤(옅은) :Ni, • :H

J. Genossar, P. S. Rudman : J. Phys. Chem. Solid. 42(1981)611

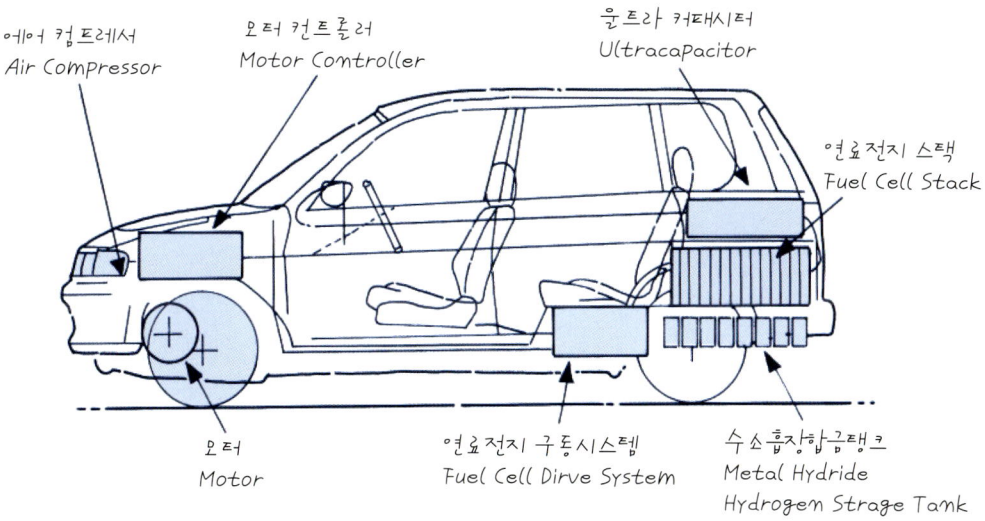

에어 컴프레서 / Air Compressor
모터 컨트롤러 / Motor Controller
울트라 커패시터 / Ultracapacitor
연료전지 스택 / Fuel Cell Stack
모터 / Motor
연료전지 구동시스템 / Fuel Cell Dirve System
수소흡장합금탱크 / Metal Hydride Hydrogen Strage Tank

수소흡장합금탱크 탑재의 연료전지차 레이아웃
(마츠다:데미오 FCEV, 1997년)

가볍게 하는 확실한 방법
카본 나노튜브

　수소를 보다 가볍게 저장하는 방법으로 탄소(카본)에 의한 흡착방법이 연구되고 있다. 탄소는 원소 가운데서는 6번째로 가벼운 원소로 원자량은 12이다. 수소흡장합금처럼 무거운 금속 원소 대신에 가벼운 탄소로 수소를 흡착시키려고 하는 것이다.

　한마디로 탄소라고 해도 활성탄, 카본 그라파이트(graphite), 카본 파이버, 다이아몬드 등 여러 가지가 있다. 탄소 원자만의 결합으로 만들어져 있는 물질은 탈취제, 연필심, 전기·전자재료, 고강도 구조재료, 보석 등 여러 가지 용도에 사용되고 있다. 결합방법에 따라 무한한 가능성을 가진 탄소의 연구로 주목을 받은 것이 C60 Fullerene이다. **C60 Fullerene**은 아크 방전의 그을음 속에 생성되는 것이지만, 1991년 당시 일본전기의 연구자였던 이이지마(飯島)가 그을음이 아니라 음극의 퇴적물에서 투과 전자현미경에 의한 관찰로 발견한 것이 **카본 나노튜브**였다. 이후 전 세계에서 이 새로운 물질의 특성이나 이용방법, 제조방법의 연구가 활발히 이루어지고 있다.

　카본 나노튜브의 구조는 육각형의 탄소 결합이 나선형태로 성장하여, 지름 수 nm의 튜브를 구성한 것이다. 이 미세한 튜브구조를 이용하여 전계 방출 전자원으로 브라운관을 대신하는 고휘도, 저전력 소비의 디스플레이를 개발하는 연구나 고해상도의 주사(走査) 프로브 현미경(Scanning Probe Microscope ; SPM)의 탐침으로도 기대를 모으고 있다.

　이 미세한 튜브 속에 대량의 수소를 저장한다는 것이 여기서의 본제이다. 다른 탄소 재료에서는 중량비로 50% 이상의 수소저장능력이 발표된 적도 있지만, 재현성이 없거나, 액체질소 정도의 저온이었거나, 수십 기압의 고압이었거나 하여 좀처럼 실용화 하지 못하였다. 카본 나노튜브는 실온, 대기압에서 10% 정도의 수소저장능력으로 보고되고 있다.

　카본 나노튜브 실용화의 과제는 수율(收率)이 높은 방법으로 대량 합성하고, 불순물(다른 탄소물질)과 분리를 하여 어떻게 순도가 높은 것으로 만드는가 하는 제조·정제방법에 있다.

　카본 나노튜브는 현재 나노테크놀로지를 지원하는 중심적 소재로 세계적으로 주목받아 고해상도의 프로브 탐침, 고효율 전자방출원, FPD, 초고강도재료, 고성능 트랜지스터, 배선재료, 방열재료, 연료전지 촉매·흡착재료 등 다양한 제품에의 응용이 기대된다.

- 형태를 바꾸는 탄소의 구조
- 지름 nm의 미세한 관에 수소를 흡착
- 대량생산의 제조방법이 과제

Chapter 05 보급에 대한 과제

카본 나노튜브

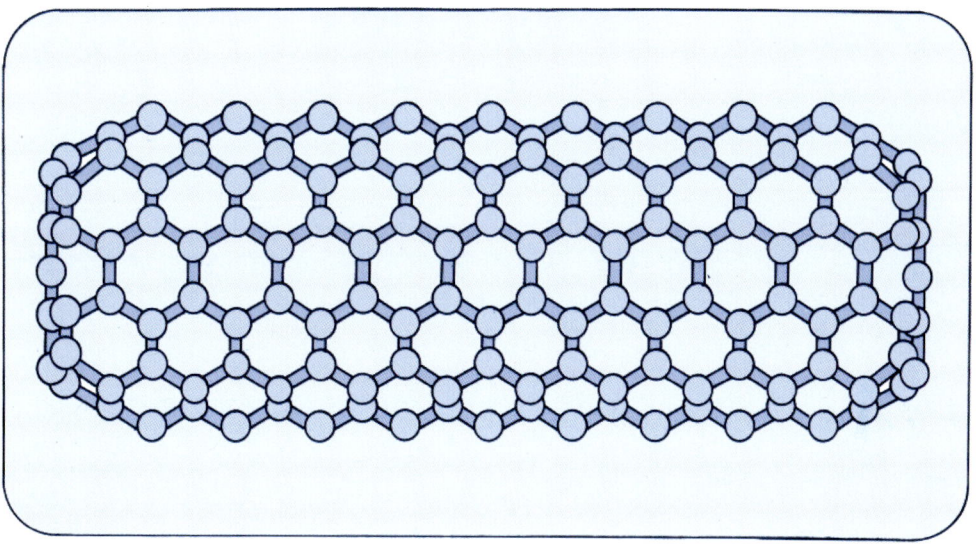

카본 나노튜브의 구조

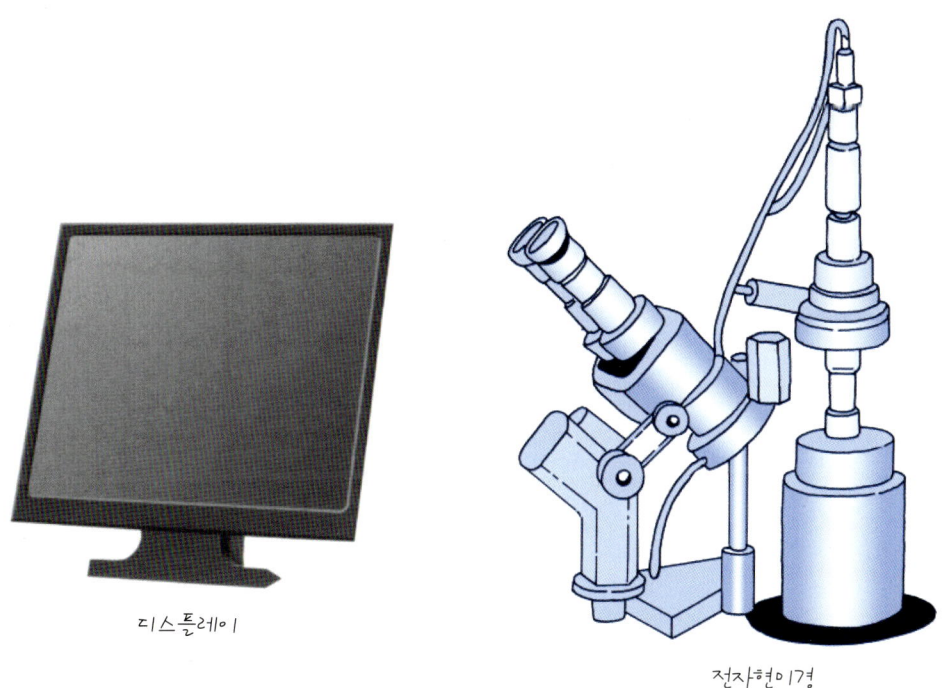

디스플레이   전자현미경

다채로운 용도를 생각할 수 있는 카본 나노튜브

51 인프라를 어떻게 할 것인가? (수소제조)

수소의 여러 가지 제조법

연료전지차를 조기에 대량으로 보급시키려고 하면 아무래도 연료공급 인프라의 정비를 어떻게 할 것인가가 문제가 된다. 가솔린 개질을 제창하는 입장은 이러한 문제를 배경으로 하고 있지만, 여기서는 수소의 인프라에 대해 생각해 보기로 하자.

우선, **제조의 문제**이다. 수소는 자연계에 물로 대량으로 존재하지만, 수소는 단일 원소로 거의 존재하지 않는다. 그래서 어떠한 에너지를 사용하여 수소를 제조하는가이다. 순환형 사회, 재생가능 에너지로 수소를 보면, 자연계의 에너지, 즉 태양광, 태양열, 수력, 풍력, 지열, 바이오매스 등을 꼽을 수 있다. 아일랜드에서는 국내의 모든 에너지의 70%, 모든 전력의 99.9%가 수력과 지열로 충당되고 있으며, 그 전력으로 수소를 생산하려고 하는 계획이 있다.

마찬가지로 캐나다도 수력자원의 혜택을 받고 있다. 캐나다에서 유럽 각국으로 수소를 수출하는 계획으로 **유로 퀘벡·수력·수소 파일럿 프로젝트**(Euro-Quebec Hydro-Hydrogen Pilot Project ; EQHHPP)가 있다. 이 계획은 자금적으로 문제가 있어 실현되지 않았지만, 수소의 수송방법의 검토, 액체 수소의 저장탱크 모델시험, 자동차 등에서의 이용기술 개발 등 장래의 수소사회를 향한 기초를 구축하였다.

태양에너지 이용에 의한 수소제조의 계획에서는 **PORSHE 계획**(Plan of Ocean Raft System for Hydrogen Economy)이 있다. 이 계획은 세계 최대의 태양에너지 입사해역인 폴리네시아에 거대한 해양 부체(浮體)를 띄워, 태양 집열, 터빈 발전, 해수담수화, 수전해, 수소액화의 흐름으로 수소제조를 실시한다는 것이다. 그리고 **SWB 계획**(Solar-Wasserstoff-Bayern : 태양-수소-Bayern)은 중부 유럽의 태양방사 수준에서 태양전지에 의한 발전에서 수전해를 실시하여, 수소-산소 발생에 기초한 에너지 시스템을 구축하려고 하는 계획이다. 태양광발전에서는 이외에, 미국의 **Clean Air Now 계획**이나 **Palm Desert 프로젝트** 등이 있다.

- 자연에너지로 수소를 제조한다.
- 아일랜드, 캐나다의 수력발전
- 폴리네시아 해역에 거대 부체

인프라를 어떻게 할 것인가?(수소제조)

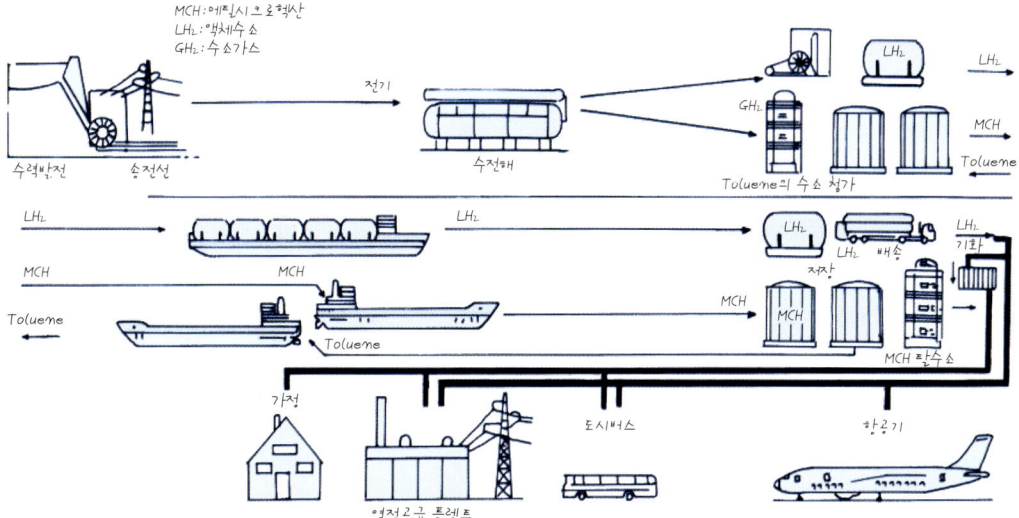

EQHHPP의 콘셉트

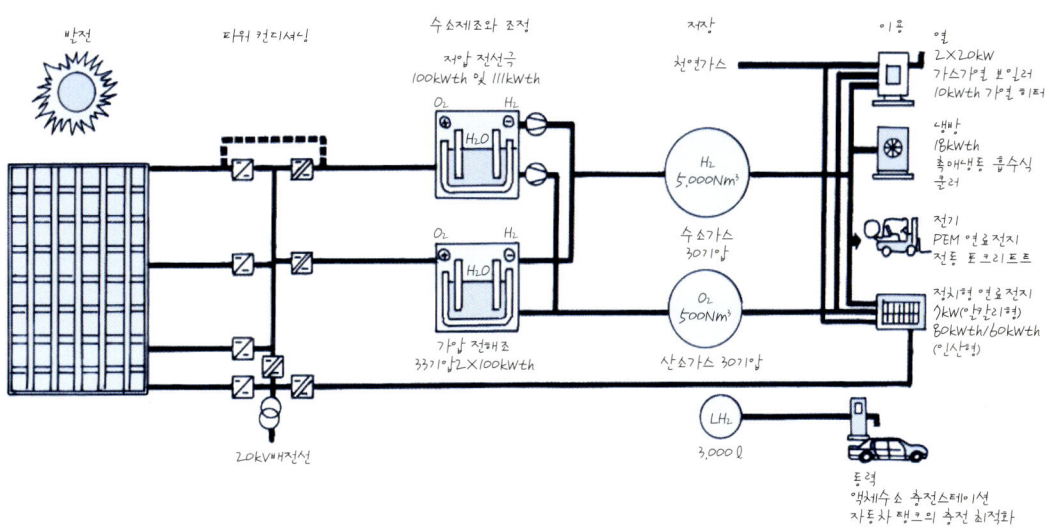

SWB의 콘셉트

안전성, 신뢰성이 열쇠

인프라를 어떻게 할 것인가?
(수소 스테이션)

수소인프라의 문제로는 연료전지차에 대한 수소공급을 실시할 스테이션의 건설이다. 연료전지차의 공공도로실증과 함께 수소공급스테이션의 개발도 병행하여 이루어진다. California Fuel Cell Partnership(CaFCP)에서는 액체수소를 트레일러로 운반하여, 이것을 스테이션의 용기에 옮겨 담아 저장한다. 이 액체수소를 기화시켜서 250기압, 350기압의 고압가스로 연료전지차를 충전하고, 고압화에 필요한 펌프나 차량과의 접속 커넥터 등의 성능, 안전성, 신뢰성 등의 시험이 이루어진다.

독일의 뮌헨공항에서는 액체수소의 공급과 상용 전력에 의한 알칼리 수전해에서의 수소제조를 실시하고, 공항에서 사용하는 셔틀버스의 일부는 1999년부터 운행되고 있다. 액체수소의 공급은 차량의 연료공급구의 위치를 검출하는 센서를 사용하여 전자동 로봇에 의해 이루어진다.

독일의 함부르크에서는 화학공장에서의 부생가스로 수소를 제조하여, 고압용기인 Cardle을 트레일러로 수송하여 그대로 스테이션으로 활용하고 있다. 민간에서 경영되는 이 스테이션은 천연가스스테이션으로 병설되어 수소용, 천연가스용을 잘못 알지 않도록 커넥터의 검증도 하고 있다.

일본에서는 WE-NET 계획 가운데서 수소스테이션의 건설이 이루어지고 있다. 오사카시에서는 오사카가스로부터 공급되는 천연가스를 개질하여 수소를 제조하고 있다. 다카마쓰시에서는 시코쿠전력의 오프 피크(off-peak) 전력을 이용하여 고체고분자전해질형 수전해방식(연료전지의 반대의 반응)에 따라 수소를 제조한다. 2개의 스테이션 모두 수소흡장합금에 의한 저장과 고압탱크에 의한 저장의 2가지 방식을 병설하여, 연료전지차의 수소저장방식에 맞춘 공급방법을 검증하고 있다. 수소의 제조는 제철소의 부생가스, 가성소다 제조의 식염전해로부터의 부생수소 등 자동차용 수소연료로 전용 가능한 방법이 몇 가지 있다.

국내에서는 현재 국책과제로 진행 중인 수소연료전지차 모니터링사업으로 그린에너지 스테이션이 양재동에 건립되었다. 2010년 7월 준공 이후 3개월간의 시운전을 거치면서, 특별한 문제점이나 사고 없이 11월 말에 본격적인 가동에 들어갔다. 물론 실증사업용으로 만들어지기는 해도 이를 통해 경제적 타당성 검토도 이루어질 것으로 보인다. 이곳에서 사용하는 방식은 부생수소를 이용하는 방법인데, 350기압으로 충전 가능하고, 하루에 모하비 수소연료전지자동차 10대를 충전할 정도의 규모이다.

- 스테이션까지의 수소의 수송
- 스테이션에서 차량으로의 수소충전방법
- 수소제조의 여러 가지 방법

Chapter 05 보급에 대한 과제

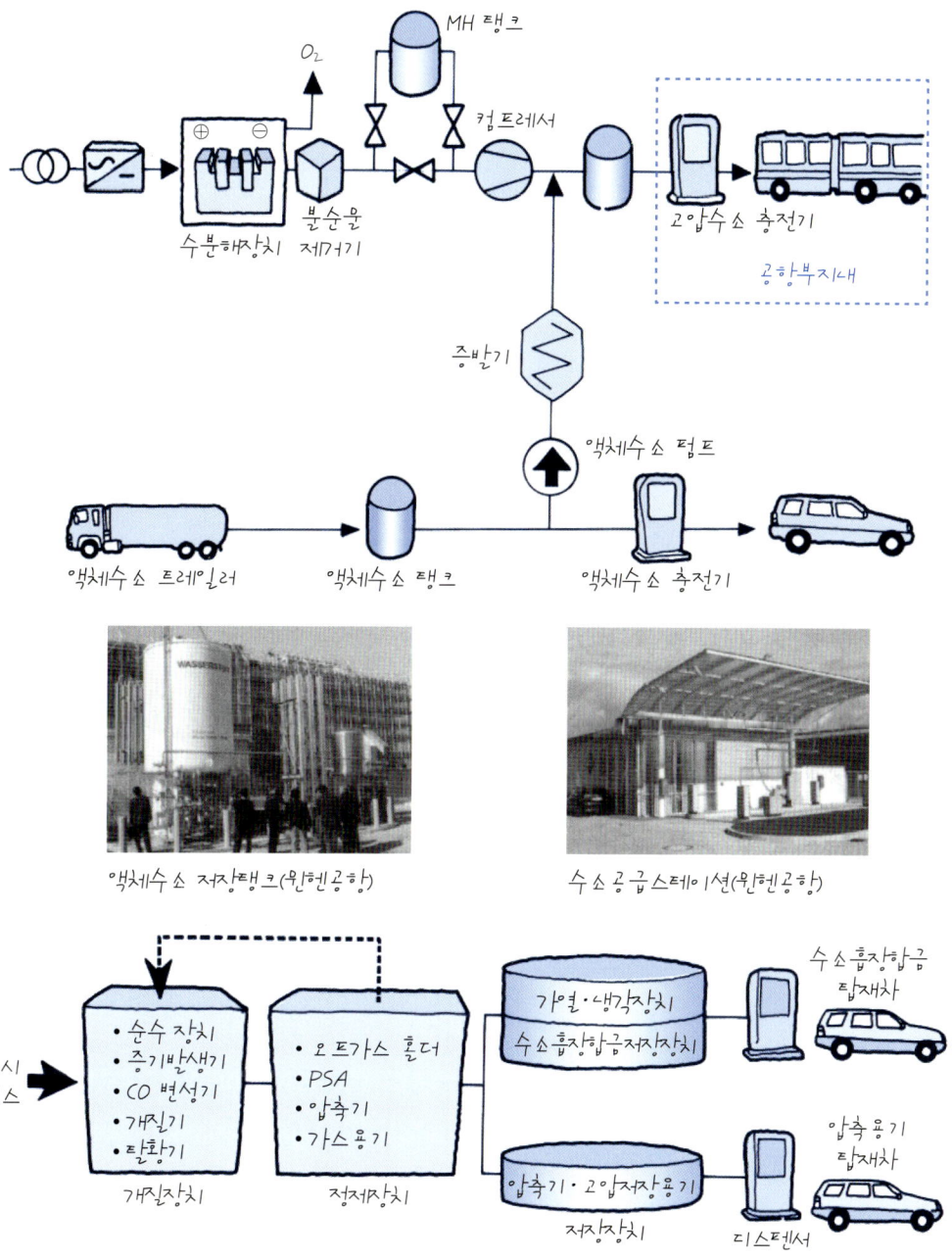

용어해설

Cardle : 복수의 고압용기(봄베)를 랙(rack)에 일체화한 명칭

119

엔진 룸에 어떻게 수납할 것인가?

가볍고, 컴팩트하게

연료전지의 가벼움을 나타내는 단위로는 kW/kg이 있다. 이것은 비출력이라 불리며 단위 중량당의 출력의 비율을 말한다. 연료전지차 개발 초기인 1990년경 스택 한 개는 0.05kW/kg 정도의 비출력 밖에 되지 않았다. 이 수준으로 말하면 승용차용으로 최소 레벨인 50kW 출력에서도 1,000kg의 무게가 되어버린다. 연료전지차에는 스택 외에 수소저장탱크, 배터리, 모터, 인버터, 에어 컴프레서 등 무거운 부품이 많이 있다. 이들 모든 부품은 경량화가 우선시된다.

최근 10년간 스택의 출력 성능은 10배 이상 비약적으로 향상되었고, 시스템 전체에서도 0.2kW/kg까지 경량화가 진행되었다. 100kW 정도의 승용차용 가솔린 엔진의 비출력은 대략 0.8kW/kg이므로 아직 경량화의 노력이 더욱 필요하지만, 대형버스용 디젤 엔진의 비출력은 0.25kW/kg 정도이므로 나름 비슷한 수준이 되었다고 말할 수 있다.

컴팩트함의 단위로는 kW/L가 있다. 이것은 출력 밀도라 불리며 단위 체적당의 출력의 비율을 나타낸다. 연료전지 스택은 세퍼레이터(separator)라 불리는(bipolar plate라고 불리는 경우도 있음) 카본제의 판과 연료전지가 되는 막 전극 접합체를 적층하여 형성된다. 이것은 일반적으로 400셀 정도 적층된다. 막 전극 접합체는 매우 얇지만, 카본판의 양면에는 수소나 공기를 흐르게 하기 위한 홈이 시설되어 있으므로, 통로 확보나 강도 유지를 위해 얇게 하는 것은 무리였다. 개발 초기에는 세퍼레이터의 두께는 5mm 정도였지만, 400셀이 적층되면 단순 계산으로만 2m의 길이가 되어버리기 때문이다. 이것을 플라스틱의 성형과 비슷한 가공기술에 의해 1mm 이하까지 얇게 하는 기술이 개발되어 스택의 컴팩트화가 크게 진전되고 있다.

연료전지차의 플로어를 2층 구조로 하여 이 틈새에 부품을 수납하도록 하고 있다.

- 비약적으로 진전되는 경량·컴팩트화
- 세퍼레이터의 박막화가 공헌
- 2층 구조에 의한 연료전지 시스템의 수납

Chapter 05 보급에 대한 과제

가볍고, 컴팩트하게

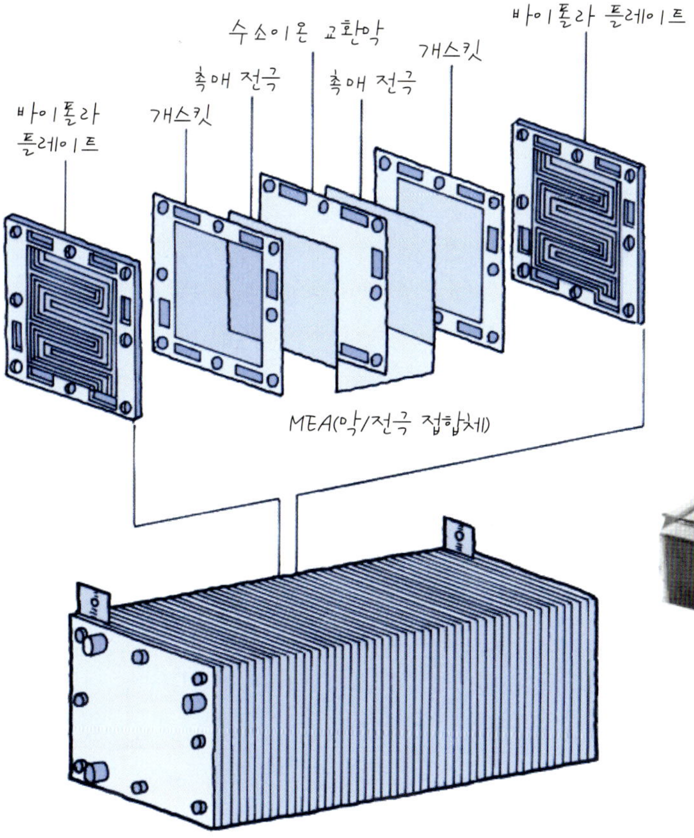

바이폴라 플레이트
개스킷
촉매 전극
수소이온 교환막
촉매 전극
개스킷
바이폴라 플레이트

MEA(막/전극 접합체)

연료전지 스택의 구조의 예

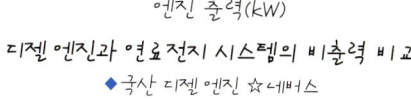

연료전지 스택(혼다)

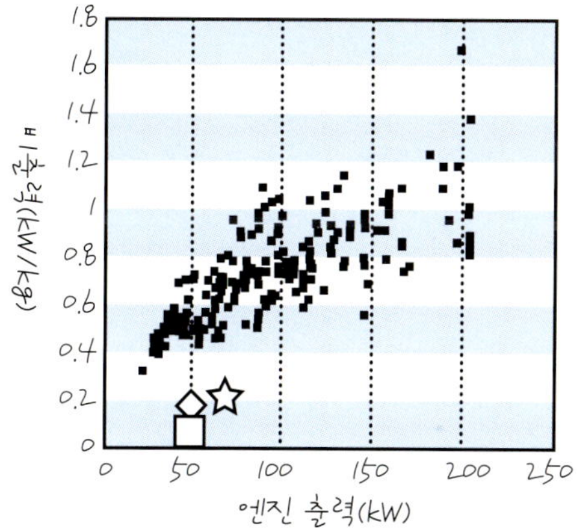

가솔린 엔진과 연료전지 시스템의 비출력 비교
■ 국산 가솔린 엔진 □ 네카-1 ◇ 네카-2 ☆ 네카-4

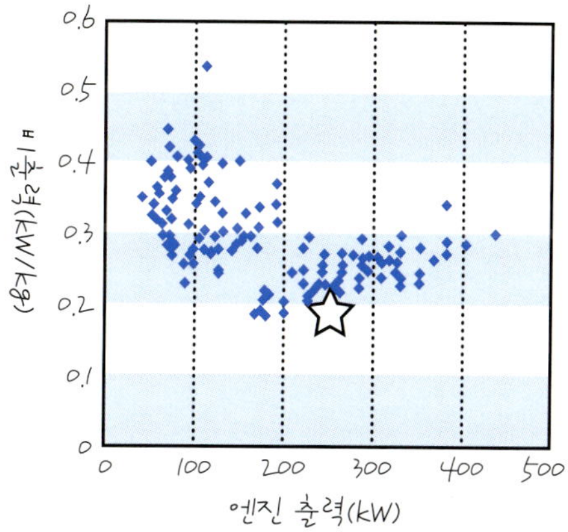

디젤 엔진과 연료전지 시스템의 비출력 비교
◆ 국산 디젤 엔진 ☆ 네버스

가격의 대부분은 스택

연료전지의 가격은 어디까지 내릴 수 있을까?

연료전지차 실용화의 최대 과제는 **가격 저감**이다. 연료전지차의 가격 대부분을 차지하는 것은 스택이다. 개발 초기의 스택 가격은 1kW당 130만 원 이상이었으며, 현대·기아자동차가 생산하는 투싼 수소연료자동차(80kW)의 스택 하나가 2억~2억 5천만 원의 생산비가 들어간다.

고체고분자형 연료전지에서 사용되는 전해질은 불소계의 고분자막이다. 이 재료는 일반적인 석유화학제품의 플라스틱과는 달라서, 여러 가지 단계의 복잡한 합성프로세스를 거듭하여 제조되기 때문에 매우 고가의 재료가 되고, 면적은 만 원 지폐와 비슷한 정도가 된다. 가격 저감의 방향으로는 사용량의 저감, 즉 **박막화**에 의한 검토가 이루어지고 있다. 초기 200μm였던 박막을 30μm까지 얇게 만들었고, 박막화는 연료전지 성능 향상에도 도움이 되어 일석이조의 효과를 이루었다. 박막화에 의한 강도저하를 방지하기 위한 보강재와의 복합 막의 개발도 이루어진다. 또한 저렴한 재료로 석유 화학제품과 같은 탄화수소계 고분자를 전해질로 사용할 수 있는지도 개발 중이다.

연료전지의 반응에는 실온 부근에서의 반응을 진행하기 위해 백금 등의 귀금속 촉매가 사용되고, 승용차 1대 분에 약 200g의 백금이 필요하게 된다. 백금을 대신할 수 있는 저렴한 촉매는 좀처럼 발견되지 않아서 백금의 입자를 작게 하여 표면적을 많게 하고, 반응이 일어나는 영역에 집중적으로 분배시키는 등의 개선작업으로 사용량을 1/10 이하로 저감하려고 하는 연구가 이루어지고 있다. 고가인 귀금속은 회수하여 재이용할 수 있으므로 리사이클 기술의 개발도 중요하다.

세퍼레이터에 사용되는 카본판은 전기전도성이나 강도를 얻기 위해서 치밀하게 담금질하여 굳힌 것이 사용되고 있다. 이 딱딱한 표면에 정밀한 홈을 가공하는 것에도 비용이 든다. 이 세퍼레이터를 사출 성형에 의해 제조하는 기술도 개발 중이다.

이와 관련해 현대·기아자동차는 2015년 10만 대 이상의 수소연료전지자동차 양산체제가 갖춰지면, 1kW당 7만 원대로 떨어져 100kW 연료전지 가격이 700만 원 수준까지 내려갈 것으로 기대하고 있다.

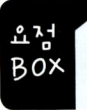
- 고분자막의 박막화는 일석이조의 효과
- 백금 촉매는 이용률 향상과 리사이클
- 하나의 저감 효과가 400배로 나타난다.

Chapter 05 보급에 대한 과제

연료전지의 가격은 어디까지 내릴 수 있을까?

(미쓰비시 전기제)

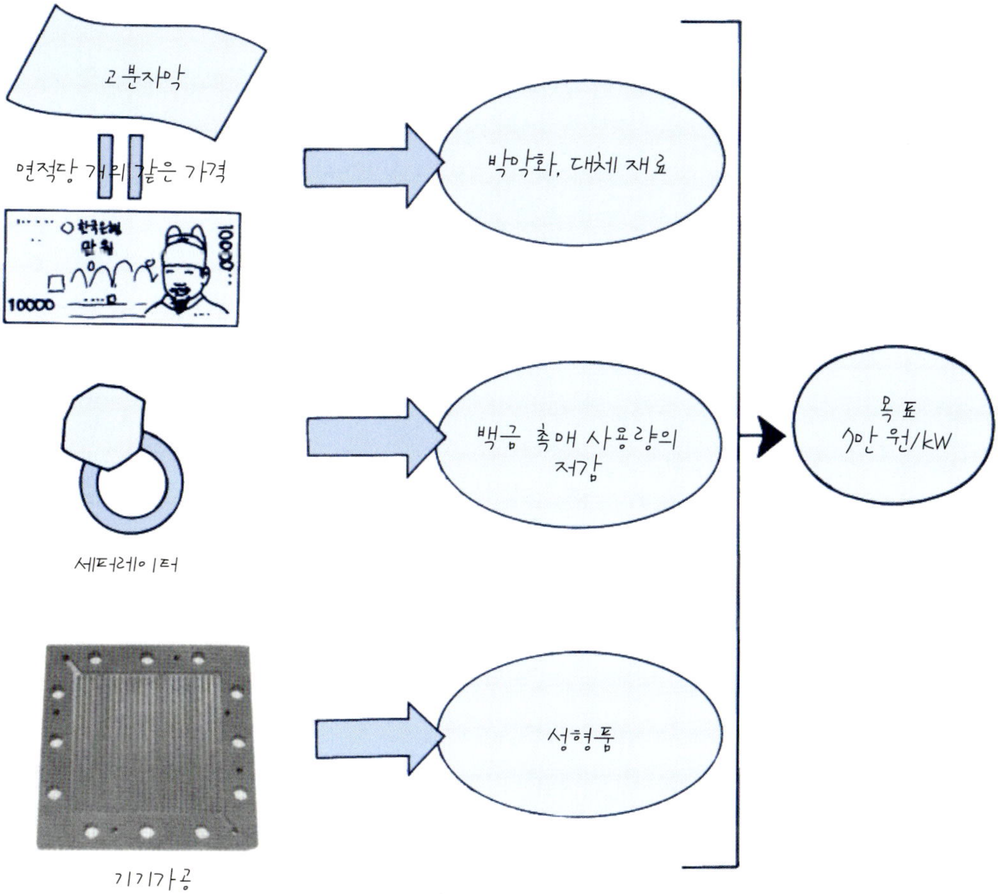

- 고분자막 / 면적당 개미같은 가격 → 박막화, 대체 재료
- 세퍼레이터 → 백금 촉매 사용량의 저감
- 기기가공 → 성형품

→ 목표 5만 원/kW

에너지 유효이용과 CO_2 삭감

총합에너지 효율에서 본 연료 선택

　연료전지차의 연료를 무엇으로 하는가 하는 의논은 지금까지도 반복되어 이루어져 왔다. 성능이나 기술적 관점에서는 수소가 가장 적합하지만, 에너지의 유효이용이나 이산화탄소 배출량의 저감과 같은 시점에서는 1차 에너지에서 연료전지차까지의 총합에너지 효율로 비교할 필요가 있다.

　자연에너지에서의 수소제조는 경제성에 있어서 유감스럽게도 아직 현실적인 것이 되지는 않는다. 여기서는 연료전지차에서 사용하는 연료를 수소, 가솔린, 메탄올 3가지로 하고, 1차 에너지는 원유, 천연가스로서 생각하기로 한다.

　수소를 연료로 하는 경우는 천연가스로부터 제조하는 것이 현실에서는 가장 경제적이라고 여기고 있다. 채굴된 천연가스는 액화 혹은 메탄올 합성되고, 거기서의 에너지 소비가 효율의 저하로 가산된다. 탱크로 수송된 LNG 혹은 메탄올은 스테이션에서 개질되어 수소를 제조하고, 여기에서의 개질 효율도 가산된다. 수소를 차량에 충전할 때에도 압축을 위해 에너지가 소비되고, 연료전지의 발전 효율도 계산에 들어간다. 이렇게 하여 산출한 **총합에너지 효율은 22~36%**의 범위가 된다.

　가솔린 개질형은 유전에서의 채굴, 원유수송, 국내에서의 정제, 국내수송, 차량으로의 충전, 가솔린 개질, 연료전지 발전을 거쳐 차량주행에 이른다. 이 경로라면 **총합에너지 효율은 24~31%**로 산출된다.

　메탄올 개질형은 천연가스→메탄올→수소로 형태가 바뀌기 때문에 **총합 효율은 20~28%**로 수소, 가솔린에 비교해 약간 낮아진다.

　현 상황의 산출로는 천연가스로부터 수소를 제조하는 방식이 가장 에너지의 유효이용으로 이어지는 것이 된다.

　그리고 천연가스를 1차 에너지로 하는 경우는 같은 에너지 소비라도 석유에 비교해 이산화탄소의 배출량은 약 20% 저감할 수 있다.

- Well to Wheel(우물에서 차륜까지)의 총합 효율
- 천연가스로부터의 수소제조가 효율 베스트

Chapter 05 보급에 대한 과제

총합에너지 효율에서 본 연료 선택

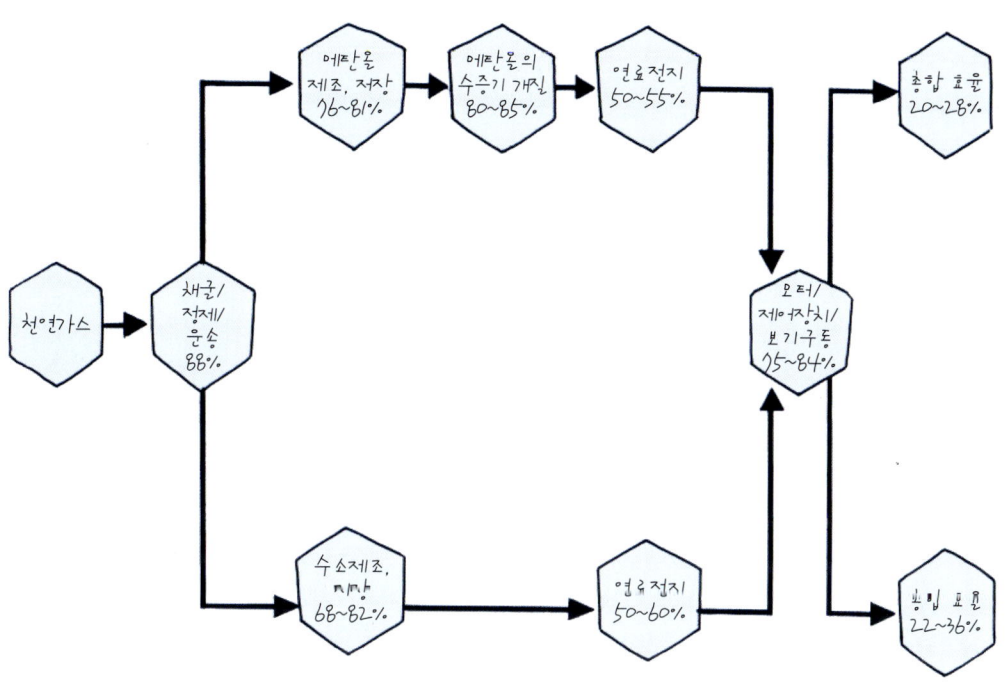

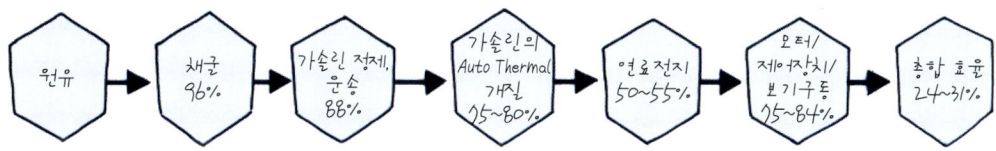

연료전지자동차의 Well to Wheel의 에너지 효율평가

출처: Fuels Strategy and Fuel Processor Technology Update for U.S.DOE
Fuel Cells for Transportation Program, Commercializing Fuel Cell Vehicles 2000

엄격한 규격이 필요

연료전지차의 안전성

　자동차는 전문지식을 갖지 않은 사람이 일상에서 어느 곳이나 운전해서 간다는 것을 생각하면, 안전성의 확보는 무엇보다 더 중요한 것이다.

　수소는 미세한 틈새로부터도 누설되기 쉽고, 넓은 혼합 범위이고, 작은 불꽃에도 착화되고, 일단 불이 붙어 버리면 맹렬하게 반응하여 원전을 멈추지 않으면 거의 소화시킬 수 없다. 또한 가벼운 기체로 한곳에 머무는 일이 없고, 공기 중에서 순식간에 확산되어 희석되어 버리기 때문에 조금의 누설로 폭발할 일은 없다. 이처럼 수소의 안전성에 대해서는 찬성과 반대의 입장이 있지만, 극단적으로 수소를 위험한 것으로 거부반응을 보이거나, 반대로 전혀 신경 쓰지 않는 낙관론도 피해야 한다. 개발되고 있는 많은 연료전지차에서는 수소의 누설 센서를 차체의 각 부분에 배치하거나, 수소탱크나 배관을 격벽에 의해 차량 실내나 트렁크 룸으로부터 격리하거나, 강제적으로 환기장치를 설치하여 모든 안전대책을 갖추고 있다.

　고전압이 발생한다는 것도 감전방지의 안전대책으로 중요하다. 연료전지는 배관 내의 냉각수를 통하여 전류가 외부로 흐를 가능성이 있다. 감전되지 않을 안전성을 확보하기 위해서는 전압 1V당 500Ω 이상의 저항이 필요하다. 이때 전류는 2mA밖에 흐르지 않기 때문에 인체는 거의 느낄 수 없다. 연료전지에 사용되는 냉각수는 높은 순도이며, 전기가 통하지 않는 것이 사용되고 있다. 불순물 이온을 제거하는 이온교환수지도 냉각수의 순환경로에 부착되어 있다.

　수소를 고압탱크에 저장하는 경우는 압축가스의 안전성도 중요하다. 연료전지차에서는 200기압, 350기압에서 더욱 압력을 높여 700기압까지의 고압화가 검토되고 있다. 이 압력은 소화기나 잠수용 공기 봄베(bomb) 등과 비교하면 훨씬 높은 압력이 되어 위험도도 증가한다. 그래서 엄격한 규격을 두고, 내압시험, 피로시험 등에 합격한 것을 사용한다. 차체로의 탑재도 충돌사고에서 직접 손상을 입지 않도록 하는 안전한 위치를 선택하고 있고, 최악의 화재사고에서도 탱크가 폭발하지 않도록 안전밸브도 설치되어 있다.

- 수소의 누설, 폭발방지
- 고전압에 의한 감전방지
- 고압탱크의 안전성

연료전지차의 안전대책

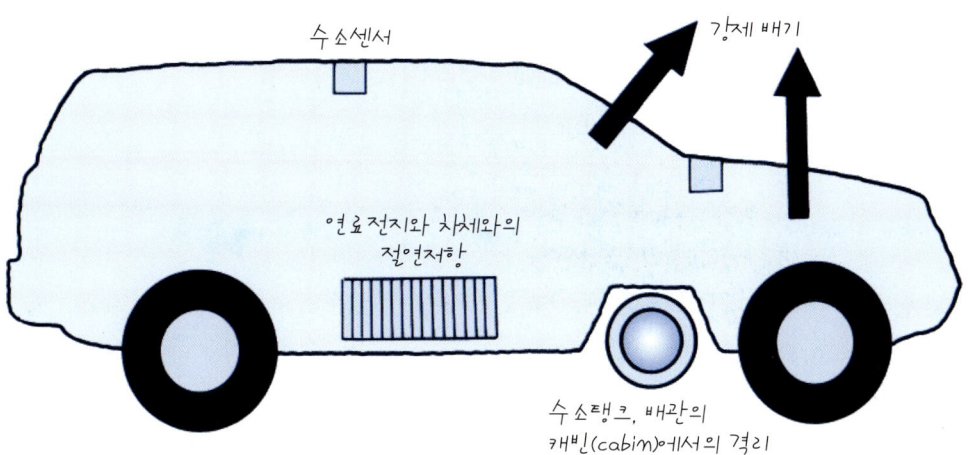

고압탱크의 안전실험

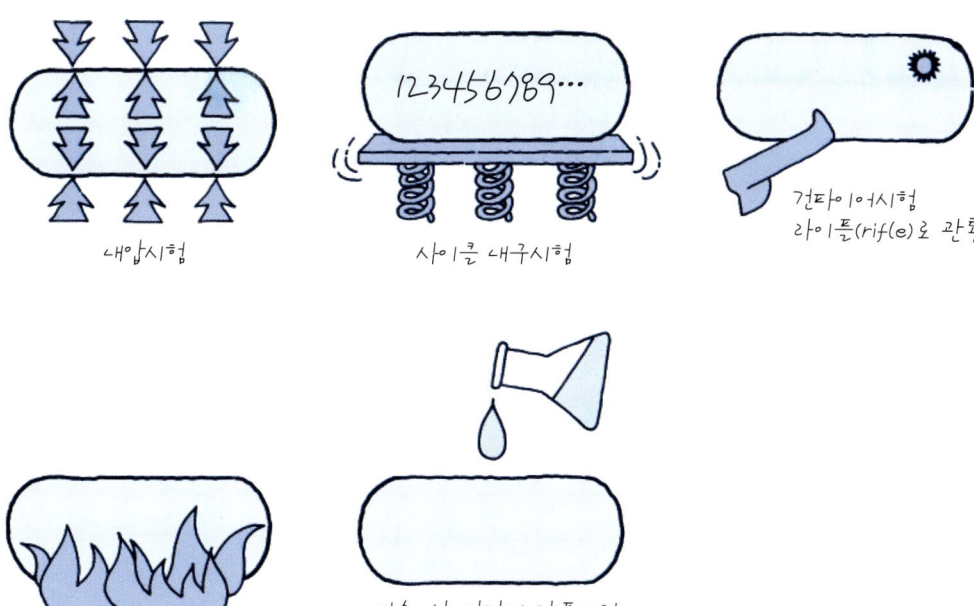

57 규제완화와 법률의 정비

폭넓은 재검토

연료전지차의 보급은 현재의 법률·제도와 합치된 것이어야만 하지만, 반대로 연료전지차의 보급을 상정하지 않았던 법률에 대해서는 규제완화나 법률의 정비, 재검토가 필요해지는 경우가 있다.

공공도로실증의 항에서도 살펴보았듯이 연료전지차처럼 시험적으로 제조된 차량에는 안전이나 공해방지기준이 규정되어 있지 않다. 이러한 경우, 해외에서는 자동차 메이커가 독자적인 기준을 두어 책임을 가지고 시험을 실시하고 있다.

국내에서는 **자기인증제도**에 따라, 한 대마다의 차량검사를 실시하고 **건설교통부령**의 인정을 받아서 넘버를 취득한다. 어느 제도라도 시험차량으로 공공도로를 주행하는 것이 가능하지만 양산차량으로 안전을 확보하고, 대량으로 보급시키기 위해서는 연료전지차를 상정한 시험방법을 규정해 나갈 필요가 있다.

내압용기를 사용하는 경우는 **고압가스안전관리법**의 적용을 받았다. 원래 자동차용 연료탱크로 용도가 상정되지 않았던 고압가스안전관리법의 적용을 받으면, 실제의 운용에는 많은 어려움이 있다. 내압용기의 검사는 육안 및 차량에서 떼어내어 실시해야만 하고, 재검사의 시기도 차량검사의 타이밍과 일치하지 않는다.

그리하여 내압용기의 안전성을 확보하기 위하여 고압가스안전관리법에서 규정하던 내압용기의 안전기준, 내압용기의 검사 및 내압용기의 장착검사 등을 **자동차관리법**으로 이관하여 일원화하도록 하였다. 또한 수소연료전지 및 수소스테이션 건설에 대해서도 에너지기본법, 건축법, 도로법 등 21개 관련법 30개 항목의 관련 법령을 걸쳐 다양한 법·제도를 개정 및 특별법을 제정하고는 있으나, 당장 실현되기 어렵거나 많은 시간이 걸리는 등의 문제가 있다.

- 시험차량의 공공도로시험
- 고압가스 연료탱크의 규제완화
- 규제완화에 필요한 대책, 기준제정

규제완화와 법률의 정비

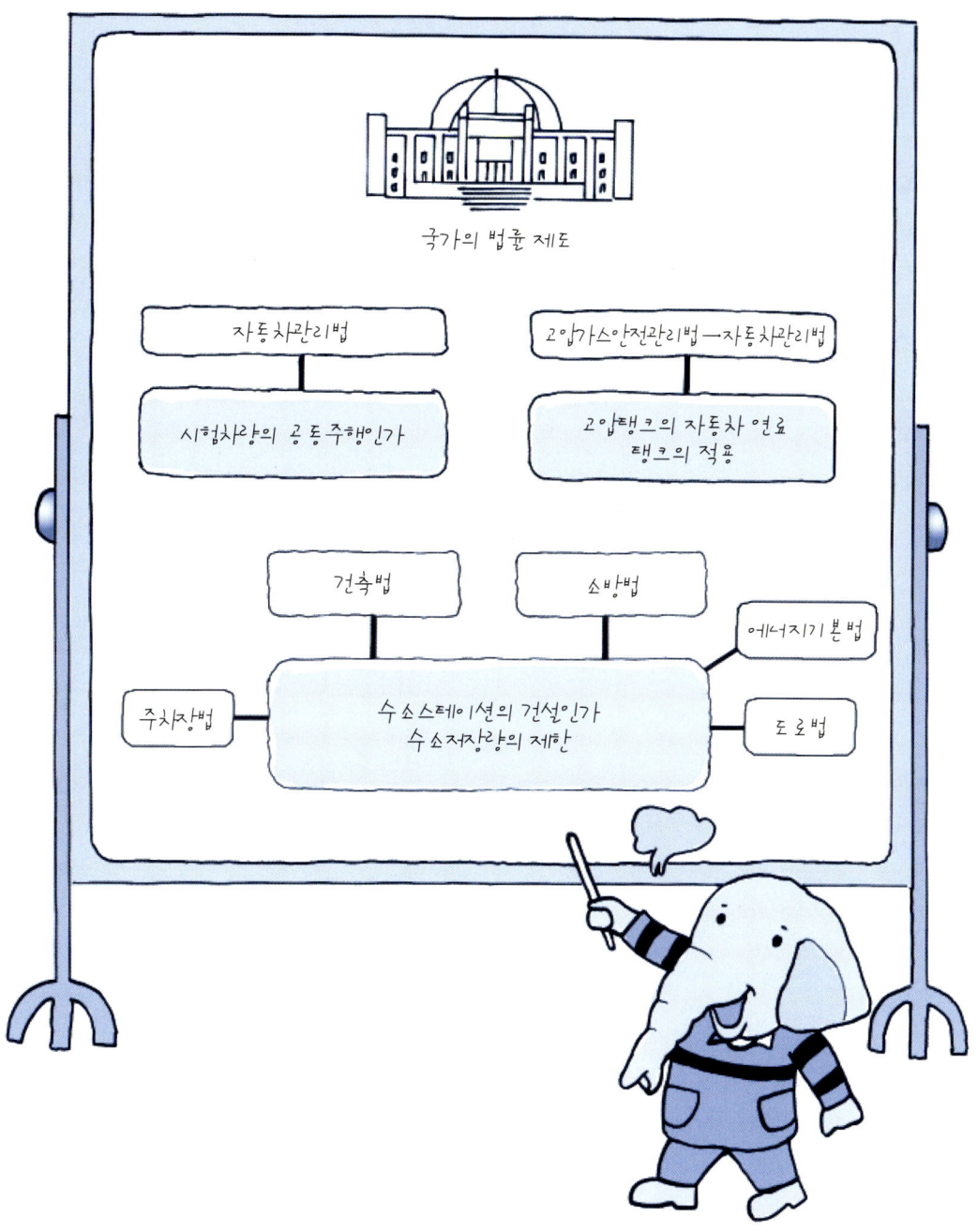

장기적인 시야
국가의 지원

  1차 석유위기를 겪은 이후 1970년대 말부터 관련 기초연구가 시작되었으며, 1985년부터 한국에너지기술연구소와 한전기술연구원 공동으로 5.9kW급 인산염형 연료전지를 수입하여 국내 최초로 발전 시스템을 구성하여 성능실험을 실시한 것이 효시이다. 1989년 교육과학기술부(당시 과기처)의 지원으로 한국에너지기술연구원이 연구를 총괄하여 수소 관련 기초연구(열화학/광화학/생물학적 수소생산, 수소저장, 안전기술 등 9개 과제)를 대학 및 연구소에서 공동으로 수행하였으나 1단계(1989~1992년)의 적은 연구지원으로 마감되었으며, 이후 1993년부터 시작된 국가선도 기술개발 사업으로 연계되어 산·학·연 공동참여에 의해 실질적인 50kW급 인산염형 연료전지의 실용화를 위한 요소기술을 개발하였고, 2000년까지 200kW급 인산염형 연료전지 발전 시스템을 목표로 연구를 진행하였다.

  1999년 한국과학기술정책연구소에서는 새천년기획조사연구를 통해 수소에너지 분야를 유망기술 후보로 선정하였으며, 수소에너지의 중요성을 인정하여 이후 교육과학기술부는 2000년 '수소제조 기술개발 기획연구'를 거쳐 '고효율제조기술 개발사업'을 광화학수소, 생물학적 수소, 열화학적 수소 등 3개 분야에 2000년 10월부터 2005년 9월까지 약 60억 원 규모의 투자를 계획하고 시작하였다. 수소에너지 연구를 확대하기 위해 '고효율수소제조 개발사업(2000. 10~2005. 9)'을 3년 만에 25억 원을 투입한 후 2003년 9월 조기 종료시키고, 기존 사업을 흡수 확대하여, 2003년 10월부터 '21세기 프런티어사업'으로 '수소에너지사업단'을 수소제조와 저장기술을 중심으로 원천기술을 확보하고자 10년간 연 1백억 원 규모의 투자 계획으로 출범시켰다.

  정부는 2003년 12월 수립한 「제2차 신·재생에너지 기술개발 및 이용·보급 기본계획」에 분야별로 기술개발 로드맵을 제시하고 기술수준, 성공가능성, 경제적 파급효과 등을 고려하여 추진전략을 차별화하여 기술개발을 추진하였다. 특히 산업적 파급효과가 큰 수소·연료전지, 태양광, 풍력, 석탄 IGCC를 4대 핵심 분야로 선정하여 별도의 사업단을 구성하고, 미래 핵심기술 확보를 위한 대형과제 중심으로 기술개발 예산의 70% 이상을 투자하였다. 태양열, 바이오 등 6개 분야는 기술수요조사에 기초한 보급 중심의 기술개발로 조기 상용화 달성을 목표로 하였다. 또한 2008년 12월 수립한 「제3차 신·재생에너지 기술개발 및 이용·보급 기본계획」에 의거 기술개발 로드맵을 제시하고, 보급달성에 집중해야 할 기술적으로 성숙된 풍력, 바이오, 폐기물, 지열 등의 분야와 R&D에 집중해야 할 단기적으로 보급목표 달성에 기여하기 힘들 것으로 판단되는 태양광, 수소연료전지 등의 분야로 구분하여 추진하였다. 신재생에너지에 기반한 지속가능 에너지 시스템구축의 목표로 2030년 신재생에너지 보급률 11% 달성과 신재생에너지 녹색성장동력 산업화에 있다.

이러한 정부의 주도적인 노력으로 국내 수소에너지 분야의 경쟁력 향상이 있었다. 최근 수소에너지사업단의 국가 경쟁력 평가 보고에 따르면, 수소에너지의 국가경쟁력 평가지표를 기술수준, 연구인력, 연구개발비, 인프라구축 등으로 분류하여 전문가 집단의 참여하에 계층적 분석과정(AHP ; Analytical Hierarchy Process)을 통해 분석한 결과 미국, 일본, 독일, 중국, 캐나다 등에 이어 6위에 해당된다고 보고 있다. 하지만 4위 이후는 그 차이가 크지 않고, 세계 1위인 미국과 비교해서는 경쟁력 평가점수가 1/9 수준에 불과하다고 보고하고 있으며, 기술개발투자비를 늘리고, 선택과 집중을 통한 기술경쟁력 향상에 집중하여야 함을 제안하고 있다.

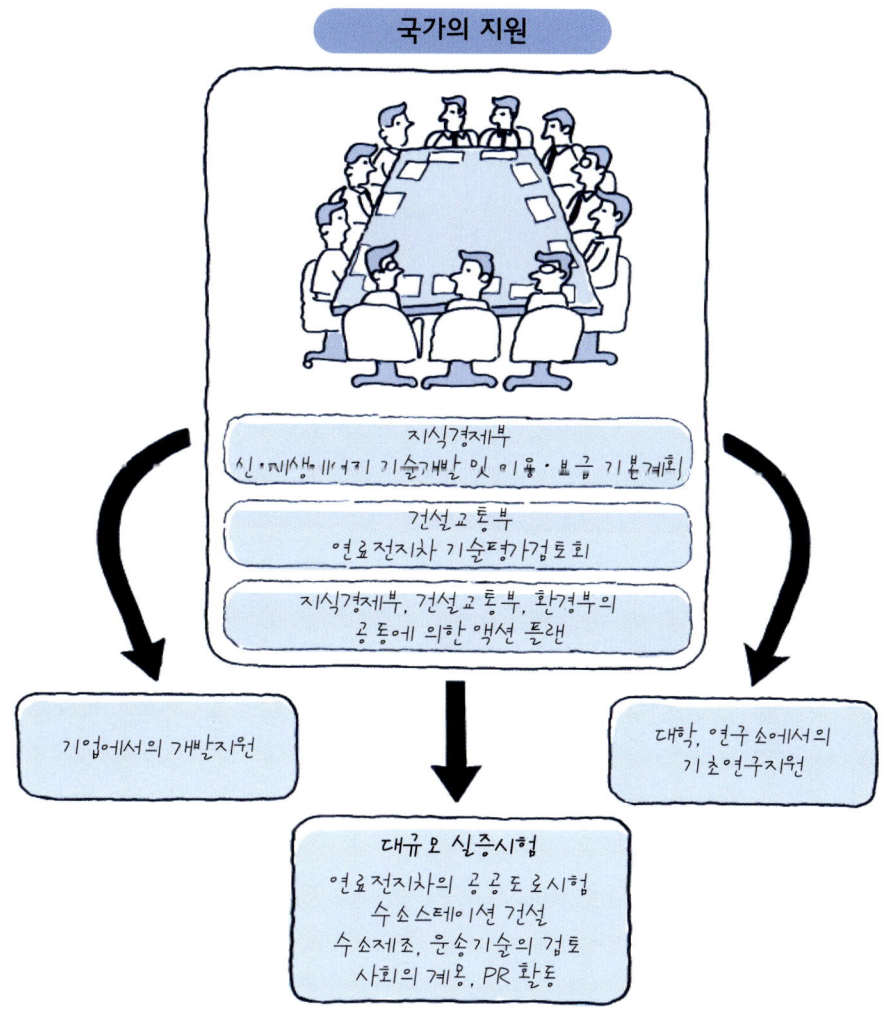

요점 BOX
- 인산염형 연료전지의 개발
- 정부 주도의 신재생에너지 개발사업
- 수소에너지의 국가 경쟁력

의견 반영의 노력

표준화를 위한 진행

연료전지차에서는 연비, 출력, 배출가스 등의 성능평가 시험방법이나, 사용하는 연료의 성상 규격, 연료탱크나 연료전지, 개질기 등의 안전성 평가방법 등 지금까지의 자동차에서 구축해 온 것과는 다른 새로운 기준·표준이 필요하게 된다.

그리고 WTO(세계무역기구)의 발족이나 경제활동의 글로벌화에 따라, 표준이 국가·기업전략에 미치는 영향도 커지고 있다. 호환성 확보나 공통기반의 확립, 경쟁력 확보의 관점에서 표준이 중요해지며, 표준을 지배하는 것이 시장을 지배한다고까지 일컬어지고 있다.

연료전지의 표준화를 수행하는 국제기관으로 ISO(국제표준화기구)와 IEC(국제전기표준화회의)가 있다. 각각의 조직 속에서 기술위원회(TC), 서브위원회(SC)가 구성되며, ISO/TC22(자동차)/SC21(전기자동차), ISO/TC197(수소기술), IEC/TC105(연료전지) 등으로 나뉘어져 있다. 글로벌 상품으로 자동차 분야에서는 ISO, IEC와는 별도로 UN(국제연합)/ECE(유럽경제위원회)/TRANS(내륙운수위원회)/WP29(차량구조작업부회)가 결성되어 국제기술기준이 규정되었다. WP29에서는 1998년 글로벌 협정이 맺어져, 자동차와 그 부품의 안전성과 환경 수준의 향상이나 국제유통의 원활화를 도모하기 위해 각국마다 다른 기술기준을 전 세계가 조화시켜 가는 것이 합의되었다.

이러한 움직임 가운데 우리나라는 국제표준화 작업에 소극적인 경향이 있었으나, 전기자동차 관련만 국가표준(KS)은 성능·안전·배터리·충전 시스템 등 분야에서 25종이 제정되어 있으며, 국제표준 부합화 차원에서 ISO 및 IEC 표준 14종이 국가표준으로 도입되어 있다. 특히 우리나라의 기술력이 우세한 충전 통신방식 분야에서 국제적 우위를 확보할 수 있도록 자체표준을 개발, 2010년 9월 국제표준안으로 제안한 상태이며, 전략적이고 체계적으로 표준을 개발하기 위하여 표준기술연구회를 중심으로 표준 프레임워크 및 표준화 추진 로드맵을 개발 중에 있다.

- 연료전지차에 필요한 새로운 표준화
- 표준을 지배한 자가 시장을 지배한다.
- 국제 표준으로의 제안

Chapter 05 보급에 대한 과제

표준화를 위한 진행

- 성능시험·안전성평가·연료규격
- 기초 데이터의 축적
- 국내 심의단체에서 검토
- 국제 표준화·규격의 제안

성능평가 시험장치

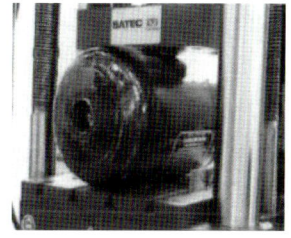
고압탱크의 강도시험

연료평가 시험장치

사용자로부터의 대답

1980년 저자가 아직 자동차 메이커의 신입사원일 때, 상사로부터「연료전지라는 것이 있는데 자동차에 사용할 수 있는 기술인지 어떤지 조사해 보라」는 지시를 받은 적이 있다. 문헌조사, 학회나 심포지엄에 참가하여 수개월 후에 내놓은 결론은「향후 10년은 절대로 불가능하다」라는 것이었다.

그로부터 약 10년 후, 같은 지시에 내놓은 결론은「사용할 수 있을지도 모른다」라는 것이다. 당시 아직 무명이나 다름없던 캐나다의 벤처기업에서 발전 시스템을 입수하여, 골프 카트를 주행시킨 것이 시작이었다. 매일매일 스테인리스의 배관을 구부리고, 자르고, 이어 붙여서 수작업으로 만든 시험제작 차량이었다.

사람을 태운「물체」가 고체고분자형 연료전지로「주행했다?」세계에서 최초의 사건이었다.

그로부터 오늘날에 이르기까지 연료전지차의 기술개발의 눈부신 진전을 보인 10년이 되었다. 유력한 자동차 메이커가 차례차례 시험제작 차량을 주행시키고, 스택의 출력 밀도는 10배 이상으로 향상되었다. 수소저장탱크, 개질기의 기술도 진전되고, 에어 컴프레서 등 주변기기의 기술도 진전되었다. 이것은 자동차 메이커만이 아니라, 부품 메이커, 막, 촉매, 세퍼레이터 등의 재료 메이커, 수소인프라에 관련된 에너지 산업 등 많은 기반기술의 진전에 의한 것이다.

앞으로의 10년은「기술의 실증」과「부품의 실증」을 실시하게 되고, 주행성능, 가격, 신뢰성, 쾌적성, 연료보급의 용이함 등을 시험하게 된다. 지금「연료전지는 사용할 수 있는 기술인가」라고 묻는 사람은 없을 것이라고 생각한다. 그러나「진짜?」라고 한마디 덧붙여 질문한다면 아직 대답할 수 없다. 그 판단을 내리는 것은「사용자(user)」가 되는 독자 여러분일 것이다. 그 판단을 내리는데 본서가 조금이라도 도움이 된다면 무엇보다 기쁠 것이다.

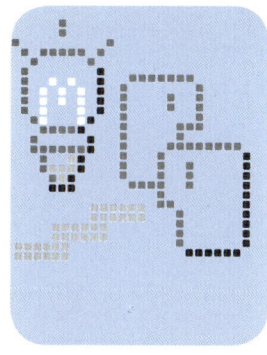

Chapter 06

수소사회가 찾아온다

60 _ 석유업계의 착수
61 _ 가솔린 스탠드의 대응
62 _ 가스회사의 착수
63 _ 정치형 연료전지의 평가시험
64 _ 전력업계의 착수
65 _ LPG 개질
66 _ 수소의 매력(1)
67 _ 수소의 매력(2)
68 _ 수소의 매력(3)
69 _ 수소클린하우스
70 _ 수소의 공급

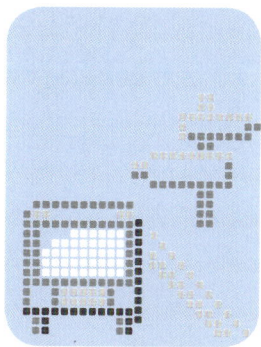

등유 개질이 목표

석유업계의 착수

석유업계는 최종적으로는 **등유 개질**에 의한 **정치형 연료전지**(출력 1~5kW)를 목표하고 있다. 그런데 탄소 성분으로 보면 메탄탄소분(C)1에 대해 프로판은 C3, 부탄은 C4, 그리고 가솔린은 C6~7, 등유는 C10으로 등유의 탄소 성분이 가장 높아, 그만큼 수소로의 개질은 어렵다. 단, 가정용을 고려하면 인프라가 정비되어 있는 등유를 이용하여 등유 개질 시스템의 개발에 힘을 쏟고 있는 것이다.

최대 메이커인 닛세키미츠비시(현, 신일본석유)는 2001년 7월부터 신에너지본부를 신설했는데, 그중 연료전지의 담당 인원은 1/3인 30명을 차지할 정도로 강하게 임하고 있다. 인산형 연료전지에서부터 관련해온 기술과 일본 수소의 1/2을 제조하는 능력을 기초로, 나프타에서의 연료전지를 2월부터 요코하마제유소에서 실증하고 있다. **증기개질법**으로 촉매에는 루테늄계를 채용, CO 농도는 5ppm 이하로 채택했다.

탄소가 촉매의 표면에 달라붙어 기능을 저하시키는 문제가 일어나기 때문에 촉매의 성분을 개선하거나, 촉매의 형태를 바꾸는 등의 대응을 하고 있다. 발전 효율의 목표는 35%이고, 이 성과를 거쳐 가까운 시일에 등유 개질로 나설 것이다.

「석유계는 개발요소가 많지만 등유를 목표로 하여 2004년에는 도시가스의 연료전지가 나올 것이므로 스텝을 두고 임한다」라는 코스모석유는 우선 부탄 개질의 1kW기를 2월부터 가동하여 실증, 성능을 확인하여 2001년 중에는 석유계의 개질로 나아가고 싶다고 한다. 개질의 방법은 프리-리포밍(pre-reforming)이라고 하여, **부탄 개질**은 C4를 일단 C1으로 분해하여 그로부터 수소를 얻는 시스템이다. 등유개질이 되면 더욱 어려운 프로세스가 생기게 된다.

이데미쓰고산(出光興産)은 오랫동안 착수해 왔던 촉매 기술을 핵으로 하여, LPG로부터 등유까지의 폭넓은 연료에 대응한 개발을 진행하고 있다. 등유의 요소 기술개발은 미니 플랜트로 40~50ppm 농도의 유황분을 0.1ppm 이하로 떨어뜨려, 효율 좋게 도시가스 수준의 수소를 얻는 것에 성공했다.

- 닛세키미츠비시는 나프타로 실증
- 코스모는 등유의 기초연구 완료
- 이데미쓰는 폭넓게 대응

Chapter 06 수소사회가 찾아온다

나프타를 사용한 PEFC 5kW의 실증

가솔린 스탠드에 설치한 PEFC의 중심부

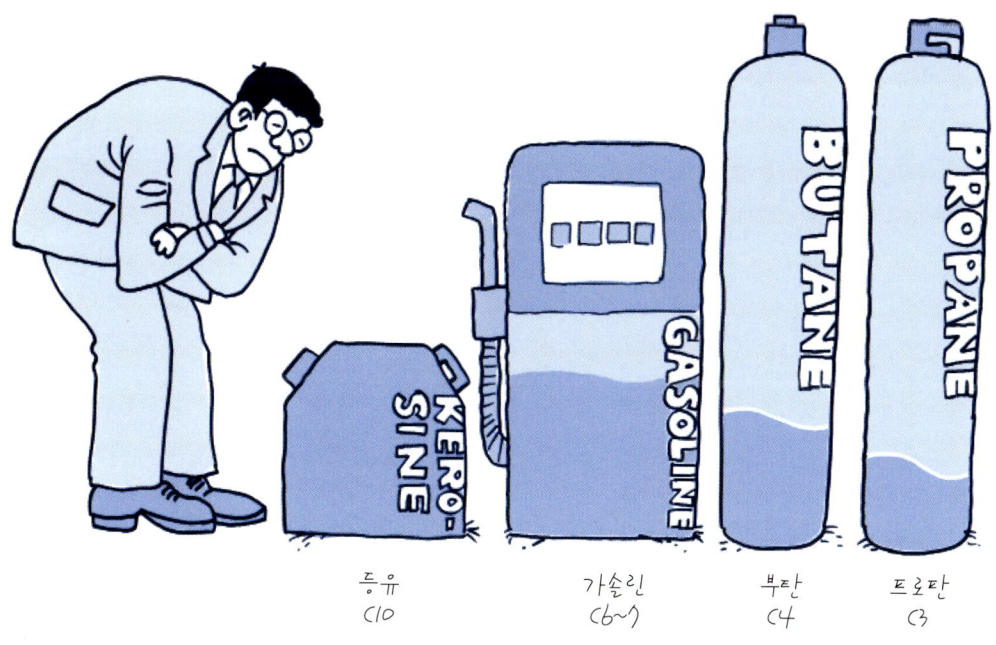

등유 C10   가솔린 C6~   부탄 C4   프로판 C3

61 가솔린 스탠드의 대응

긴급 시에 대비한다

가솔린 스탠드는 일본 대지진에 전도되어 파괴된 예가 거의 없어 그 강건함을 증명했지만, 전기의 공급이 끊겨 작동되지 않았다. 이 때문에 연료전지를 스탠드에 설치하여 재해 등에 전기나 가스의 에너지원이 완전히 멈춘 경우라도 연료전지를 가동하여 긴급차량으로 급유작업을 가능하게 하는 시도가 시작되었다.

닛세키미츠비시는 나프타를 연료로 하는 고체고분자형 연료전지를 가솔린 스탠드에 설치하는 필드 시험을 진행하였다. 네기시 서비스 스테이션(요코하마시 이소고구)에 도입한 출력 5kW의 연료전지 시스템이 그것으로, 실용화를 향한 최종 단계인 프로토 타입이다.

재해 시에 전기가 끊겼을 때도 지하탱크에 저장된 연료로 단독 운전을 수행하며, 긴급 시에는 급유가 가능하다. 연료전지의 스택은 미국의 벤처회사의 것을 채용, 나프타 연료는 2kℓ를 저장, 1,000시간 운전이 가능하다. 수소로의 개질장치는 탈황·개질·일산화탄소 제거장치를 일체화하여 컴팩트화, CO 농도가 10ppm 이하, 수소 농도 74%로 고성능을 실현했다.

가솔린 스탠드의 전기 부하는 격렬하기 때문에 긴급 시에 필요한 최소 설비를 가동시키는데 필요한 규모는 5kW가 된다. 한편, 부산물인 온수를 저장해 두는 저탕조는 300ℓ를 병설해 두었다.

스탠드에 설치하는 또 하나의 목적은 앞으로 스탠드에서 나프타나 등유, 수소를 공급하는 연료전지차의 인프라를 고려한 것이기도 하다. 한편, 석유산업 활성화센터의 프로젝트로 2001년 6월 말까지 다임러 크라이슬러가 개발한 메탄올 연료전지차 NECAR V가 공공도로주행 실증시험을 했다. 닛세키미츠비시·요코하마제유소 내에 설치한 메탄올 스탠드로부터 공급을 받아 총 1,500km를 주행, 일본 최초의 장기간에 의한 공공도로 실증시험을 실시했다.

주 2일간의 속도로 메탄올을 급유하여 고속도로도 주행하고, 미우라(三浦)반도까지의 왕복도 하였다.

- 나프타 연료로 필드시험
- 장래의 수소공급을 준비

Chapter 06 수소사회가 찾아온다

가솔린 스탠드의 시스템

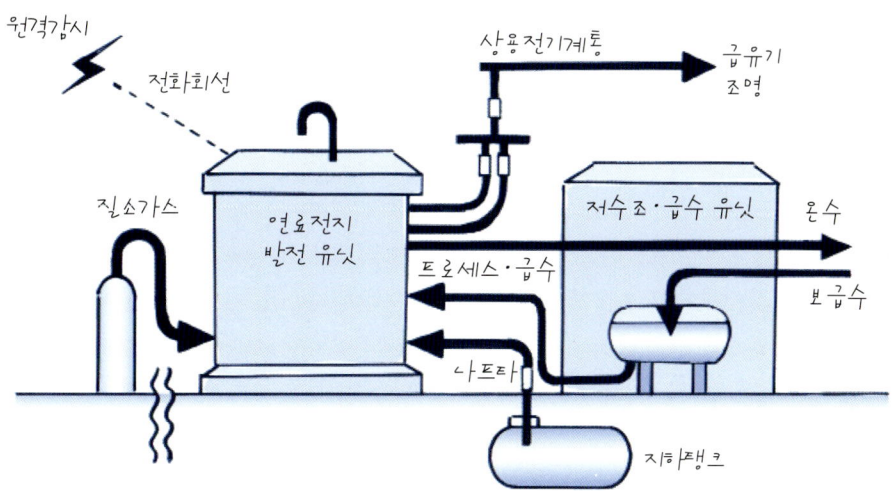

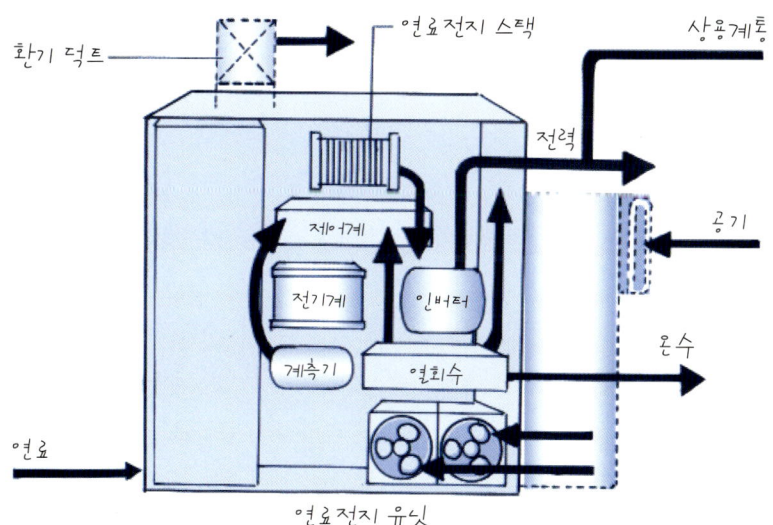

요코하마 서비스 스테이션에 도입한 PEFC 시스템

62 가스회사의 착수
가정용 개발

　도쿄가스는 2004년에 가정용 연료전지를 상품화할 예정으로 진행하고 있다. 원료인 도시가스, LPG 속에 미량으로 함유된 유황 성분을 상온에서 간단히 제거할 수 있는 **고성능 탈황제**의 개발에 성공, 그리고 도시가스에서 수소를 만드는 개질장치로, 90%의 열효율과 장치의 소형화(지름 200mm, 높이 600mm로 범용 소화기 수준)를 실현한 일체형을 개발했다.

　이 연료전지의 구조는 우선, 도시가스를 탈황하고 나서 개질장치에 투입, 500℃에서 흡열반응에 의해 개질, 그리고 CO 변성기에서 300℃, CO 제거기에서 100℃로 모두가 발열반응에 의해 수소를 제조하는 것이다. 이 공정을 원통 형태로 일체화하였다. 도쿄가스는 앞으로 기술의 내구성, 가격 저감 확인을 위한 필드시험 등을 거쳐 상품화로 나아갈 계획이다.

　도쿄가스는 또 열을 이용 온수로 바꾸는 개발로 에바라발라드(주)의 연료전지를 사용하여 급탕용에, 바닥 난방 등의 난방용에서는 마츠시타전기산업이 제작한 기기를 사용하여 실험을 시작했다. 급탕용은 기설 주택, 난방용은 신설 주택을 목표로 하고 있다.

　가스업계는 도쿄가스와 오사카가스가 개질 시스템을 개발, 토호가스가 원격감시 시스템을, 세이부가스가 부하 추궁을 위한 배터리 하이브리드의 개발에 힘을 쏟고 있다. 개질 시스템은 오사카가스는 LPG용을 도쿄가스는 천연가스와 LPG 모두 사용할 수 있는 기기를 개발 중이다. 개질 시스템의 포인트인 가격 저감에서는 촉매의 양을 얼마나 낮출 것인가와 개질기의 재료 연구에 임하고 있다.

　도쿄가스는 개질 시스템의 컴팩트화는 실용화의 전망이 보이지만, 가격과 내구성은 이제부터라고 한다. 도쿄가스, 오사카가스 모두 장래에는 개질기를 **대량 생산**하여 1대에 5만 엔의 **가정용 연료전지**를 목표로 한다. 도쿄가스의 실증용이 되는 1kW기는 전력을 계통연계하여 60℃의 탕을 150ℓ 저장하며 매일 운전하고 있다.

- 도시가스로부터 수소를 만든다.
- 도쿄가스, 오사카가스는 개질 시스템, 토호가스는 원격감시, 세이부가스는 배터리 하이브리드에 주력

Chapter 06 수소사회가 찾아온다

도시가스 개질 PEFC 시스템의 구성도

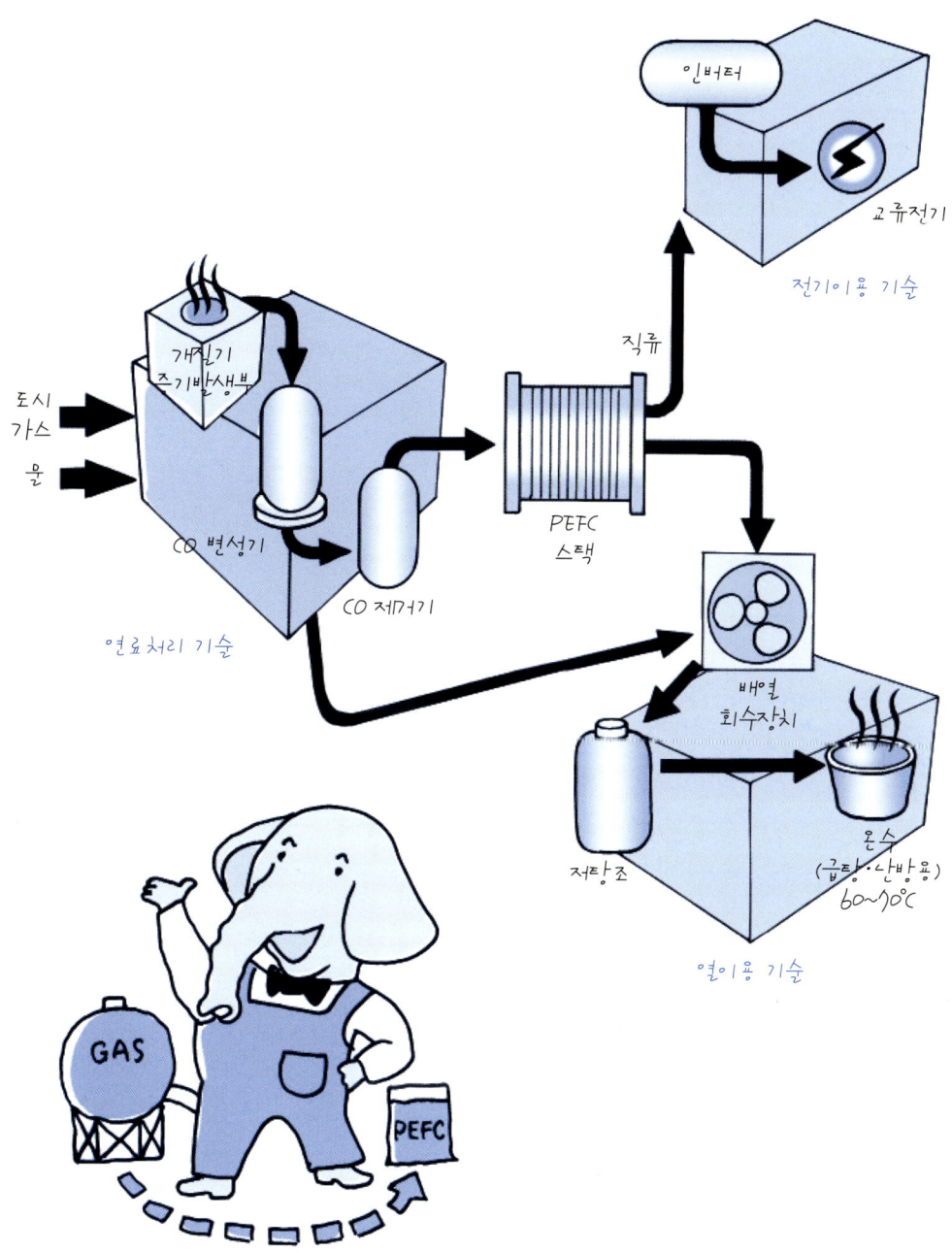

용어해설

계통연계 : 전력회사의 송전망으로 가정이나 사업소 등이 설치한 분산형 전원의 전송라인을 연결하여, 전력이 부족해졌을 때는 전력계통에서 전기의 공급을 받는다.

국내외 메이커 7개사가 출품

정치형 연료전지의 평가시험

일본가스협회는 국내외의 메이커 7개사가 개발한 출력 0.7kW에서 3kW까지의 **정치형 PEFC(고체 고분자형 연료전지)** 11기를 한 곳에 설치하여 단속 운전에 의한 시험을 2001년 봄부터 시작했다. 신에너지산업기술종합개발기구(NEDO)의 예산으로 실시되었고, 이 총합 실증을 제1탄으로 2002년에는 각 메이커 모두 신기종으로 바꾸어 연속 1만 시간이 조금 모자란 운전을 포함한 내구시험에 본격 착수했다.

정치형 PEFC를 같은 장소에 나열하여 실증을 개시한 것은 이것이 세계 최초이다. 도요타자동차는 자동차용 연료전지 시스템의 개발 성과를 출력 1kW의 규모로, 7개사 가운데서는 가장 컴팩트하게 완성하여 출품했다. 컴팩트화는 공통의 목표이므로 높은 수준을 보여준 것이다.

캐나다의 발라드와 제휴한 에바라는 1kW기를 출품했다. 도요타에 이어 컴팩트화를 실현, 천연가스의 개질기도 전지 스택과 조합하여 컴팩트하게 수납하였다. 그리고 NEDO 프로젝트에 관련해 개발해온 산요전기, 도시바는 1kW 이하를, 마츠시타전기산업은 1.3kW를 출품하였다. 이 3개사의 정치형 FC는 3개사의 가스회사에 시험용으로 설치되었지만, 이번 장치는 1년을 거쳐 한 단계 더 소형화를 실현했다.

미국에서는 정치형의 대표기업 H Power가 3kW의 프로판 연료의 장치를 제출했다. 이들 장치는 운전을 통하여 그 안전성, 신뢰성, 성능 등의 시험이나 연료전지의 평가방법을 확립하는 것이 목적이다.

2002년에는 본격적인 실용기기에 의한 내구시험도 실시, 가스기업 3개사가 실시한 1,000시간 운전을 크게 웃도는 1만 시간에 근접한 운전에 의한 내구시험도 실시했다. 2005년 시점에서 발전 효율 35% 이상, 배열이용에서의 총합 효율 70%를 목표로 했다.

- 도요타가 가장 컴팩트화
- 2002년에는 1만 시간의 내구시험

일본가스기기검사협회에 설치한 운전시험 시스템

(2001년 8월)

메이커	정격 출력	대 수	연 료	연계/독립[2]
에바라발라드(주)	1.0kW	2대	천연가스	연계
산요전기(주)	0.8kW	2대	천연가스	연계
(주)도시바	0.7kW	2대	천연가스	연계
도요타자동차(주)	1.0kW	1대	천연가스	연계
마쓰시타전기산업(주)	1.3kW	2대	천연가스	연계
H Power Corp.(미)	3.0kW	1대	프로판	독립
마쓰시타전공(주)[1]	0.2kW	1대	부탄	독립

[1]: 가반용
[2]: 연계 : 발전한 전력은 기존의 전력계통과 맞춰 이용
  독립 : 발전한 전력은 기존의 전력계통과 분리하여 이용

각 사의 PEFC를 한 건물로 모아서 총합시험을 한다.

64 전력업계의 착수

가정용 개발의 문제

도쿄전력은 1994년부터 인산형을 연구소에 설치, 2001년 7월까지 1만 1,000kW의 장기 운전을 실시했다. 200kW 규모에 대해 평균 182kW의 고부하 운전을 계속하여, 연간 총합 효율 50%를 실현했다.

그런데 지금까지 인산형의 국내에서의 보급은 100대 정도에 머무르고 있는 것에서도 유추할 수 있듯이, 비싼 가격이 장해가 되고 있는 상황은 변함이 없다. 7년간 시험을 계속해도 보급할 수 있을 정도의 결과를 내놓지 못하고 있는 것이다. 이 때문에 현재 업계의 관심은 PEFC(고체고분자형), MCFC(용융탄산염형), SOFC(고체산화물형)로 이행하고 있다고 일컬어지고 있다. 이중에서도 미래의 가정용 전원을 고려한 경우는 PEFC의 가능성이 높다고 하는 견해가 유력하다.

현재 각 전력회사는 수 kW급의 PEFC를 시험적으로 도입하여 실증에 임하고 있다. 도쿄전력도 2001년 5월 말부터 미국의 H Power가 만든 3kW기를 설치했다. PEFC의 실용화에 있어서는 계통으로의 연결, 부족분은 계통연계를 활용하는 형태가 상정되었다.

주택을 신설할 때 연료전지 시스템을 도입함으로써 실용화의 가능성이 높아진다. 뜨거운 탕을 사용할 수 있는 효용을 잘 활용하여, 가정의 에너지 이용 총합 효율화를 도모하는 것이다.

그래도 아직 과제는 많다. **높은 열을 어떻게 취급**할 것인가, **카본재료 등 값비싼 재료비**, 게다가 **인버터, 계통연계반 등 부대설비**의 큰 투자 문제 등이다. 일본보다도 송전망의 가격이 높은 미국 쪽이 보급이 빠를 것인가 하고도 전해지고 있다.

한편, 전력업계에서 최근에 기대가 높아지고 있는 것은 SOFC이다. 발전 효율은 화석연료에서는 가장 높은 수준이며, 배열이 900℃나 되므로 그 유효 활용에 관심이 쏠리고 있다. 미국 Siemens-Westinghouse가 미국 에너지성의 위탁으로 컴바인드 사이클(combined cycle)에 의한 1,000kW를 설치할 계획으로 움직이고 있다. 일본에서는 전원개발과 미쓰비시중공업이 공동으로 내부 개질로 발전하는 10kW의 운전에 성공, 2년 후에도 100kW기를 완성시켜 4, 5년 후의 상업화를 목표로 하고 있다.

- 가정용은 PEFC 인가
- 인산만으로는 고전
- SOFC에도 관심

가정용에서 최대형까지

가정용은 1kW급이 목표

전원개발이 그리는
석탄가스화 SOFC 컴바인드 플랜트(combined plant) 조감도 (30만 kW)

지하의 연료전지와 열이용

용어해설

- **내부개질** : 작동 온도가 높은 SOFC와 MCFC는 연료의 천연가스에서 수소를 꺼내는데(개질), 개질기를 설치하지 않고 직접 발전하는 시스템 안에서 수소를 꺼내게 된다.
- **combined cycle** : 가스 터빈 등에서 발전할 때 발생하는 고온가스를 회수하여, 그 가스로 이번에는 증기 터빈을 돌리는 복합 시스템. 복합 발전 때문에 발전 효과는 크게 높아진다.

강력한 판매 네트워크로 보급 지향
LPG 개질

LPG는 판매 네트워크가 전국 방방곡곡에 보급되어 있어, 정치형 연료전지는 도시가스와 함께 보급이 가장 빠를 것으로 기대를 모으고 있다. 그러나 도시가스에 비교해 유황분은 10배인 10ppm이며, 이것이 내구성의 면에서 가장 큰 문제이다.

LPG는 지금까지 **클린에너지**의 범주에 들지 않았지만, 연료전지의 연료로 이용됨으로써 환경에 대한 공헌이 단숨에 높아지게 되었다.

코스모석유는 도시바 인터내셔널 퓨엘 셀즈와 공동으로 우선 부탄 개질로 업무용의 실용화를 향한 개발에 착수했다. 부탄은 프로판보다도 개질이 어렵지만, 액체연료의 평가에서 마이크로 리액터에 나오는 수치는 프로판과 비교해도 손색이 없는 수준이 되었다. 1kW 연료전지에서 수백 시간의 운전을 하여 발전 효율에서 25~30%를 실현했고, 곧바로 가정에 설치할 수 있을 정도의 사이즈로 개발을 진행했다.

닛세키미츠비시의 자회사인 일본석유가스는 LPG를 연료로 한 인산형 연료전지의 실용화를 도시바와 공동으로 1999년까지 계속해 왔다. 이 과정을 거쳐 2000년부터 모회사인 닛세키미츠비시와 함께 LPG 개질에 착수하게 되어 프로판, 부탄 개질에 의한 **고효율발전 시스템**의 개발을 진행했다.

NEDO는 LPG 개질의 가정용 연료전지의 개발을 공모로 실시, LP가스진흥센터가 LPG 업계를 대표하여 위탁을 받았다. 5년간의 개발기간으로 최초 3년간은 프로판 개질기의 개발과, 1kW의 연료전지와 체결한 운전을 실시, 나머지 2년은 6,000시간의 연속 운전을 실시했다. 발전 효율은 발전단에서 40%를 목표로 하며, 개질기에서의 탈황은 유황산화물 농도가 0.1ppm 이하, 개질 능력은 700℃의 개질 온도에서 75% 이상 개질 효율을 목표로 했다.

LP가스진흥센터가 LPG 각 메이커와 각각 위탁계약을 맺어 개발을 진행하게 되었지만, 요소기술이나 시스템화, 평가 등을 각 메이커에 분담하여 연구개발체제를 구축해 나가고 있다.

- 도시가스보다 높은 유황분
- 연료전지 공급으로 클린에너지 대열로

LPG 개질 연료전지 연구개발 달성목표

항 목	목 표 값
탈황 능력	0.1ppm 이하
개질 능력	개질 온도=700℃ S/C=3.0 이하의 조건에서 개질 효율 75% 이상
발전 효율	40% 이상(LHV)
연료전지 시스템의 소형화	현장기술에 대비하여 80% 이하

*주 : 달성 목표는 다음의 조건을 상정
1) 1kW급, 6,000시간/연운전
2) 탈황 : 흡착 탈황방식, 6,000시간 운전
3) 발전 효율 : 전지 효율=60%(직류 출력), 인버터 효율=90%
4) 연료전지 시스템 : 현장기술=350L 정도(1kW급의 천연가스 대응 연료전지 시스템)

LPG 개질 연료전지의 연구개발 계획표

(NEDO)

항 목	'01년	'02년	'03년	'04년	'05년
(1) 개질의 요소기술 개발			성능평가		최종평가
(2) LP가스의 연료전지로의 적응성 평가 연구 　1) 연료전지와의 적응성 연구 　2) 열이용도 포함한 토털 시스템으로의 적응성 연구			중간평가	내구성, 신뢰성 총합 연구평가	
(3) 총합조사 연구					

인산형 용기(시즈오카의 병원)

용어해설

마이크로 리액터 : 실증 설비로 가기 전의 단계에서 파일럿 설비와 실험 설비로 사용하는 소형 반응기

쉽게 제조 가능한 수소

수소의 매력(1)

수소는 **물**(水)의 바탕(素)이라고 적듯이 물을 만드는 원소의 하나이다. 지구 상의 물의 양은 해수 1.413×10^{18}kg, 육수 0.51×10^{18}kg, 대륙빙 22.85×10^{18}kg, 수증기 0.015×10^{18}kg으로 지구상의 물은 전체가 1.436×10^{18}kg이다.[1] 밀도를 1×10^3kg/m^{3}로 하면 지구 상의 물의 용적은 1.436×10^{15}m^{3}이며 한 변이 1,128km인 정육면체에 상당한다. 지구의 반지름이 약 6,370km이므로, 지구 반지름의 약 1/6을 한 변으로 하는 정육면체가 된다. 따라서 물은 지구 상에 무한히 존재한다고 해도 좋겠다.

한편, 물에서 수소를 만드는 에너지원은 **태양에너지**이다. 태양에너지는 지구 상에 연간 3.7×10^{24}J 만큼 쏟아져 내린다. 세계의 연간 에너지 소비량은 3.4×10^{20}J[2]이며, 그것은 지구 상에 쏟아져 내리는 태양에너지의 약 1만분의 1인 것을 고려해도, 태양에너지양도 무한하다고 할 수 있다. 덧붙여 전 세계 소비에너지를 필요수소 중량으로 환산하면 2.8×10^{12}kg/년이 되며, 원료인 물은 그 9배, 이 물의 용적은 2.5×10^{10}m^3/년(한 변이 약 3km의 정사각형의 용적)이 된다. 지구 상의 수증기와 비교해도 단 0.17%밖에 되지 않는다. 따라서 지구 상에 무한한 수소자원과 태양에너지를 사용하여 수소를 제조하면 무한한 수소를 얻을 수 있게 된다. 다음의 그림은 그 시스템을 나타낸 것이다.

수소는 물의 **전기분해**로 쉽게 제조할 수 있고, 그 기술은 이미 실용화가 끝났다. 전기분해에 필요한 전기에너지가 싸고 풍부하게 있는 경우는 매우 유효한 수단이다. 현재 캐나다의 퀘백주 정부에서는 잉여 수력을 사용하여 전기를 일으키고 그것에 의해 물을 전기분해하고 수소를 제조, 또 액화하여 유럽으로 수출하는 계획이 검토되고 있다. 그리고 사우디아라비아에서는 광활한 사막에 내리 쬐는 태양에너지를 태양전지로 전기로 변환하여 전기분해로 수소를 만드는 파일럿 프로젝트를 실시, 운용상의 데이터를 수집 중이다. 전 세계 사막의 5%에 태양전지를 설치하여 태양에너지를 포획, 전기로 변환하면 전 세계의 에너지를 충당할 수 있다는 계산도 있다.[3]

- 무한히 얻을 수 있는 물과 태양에너지
- 전기분해로 쉽게 제조 가능한 수소
- 기대를 가질 수 있는 수소에너지 프로젝트

Chapter 06 수소사회가 찾아온다

인공적으로 얻을 수 있는 수소

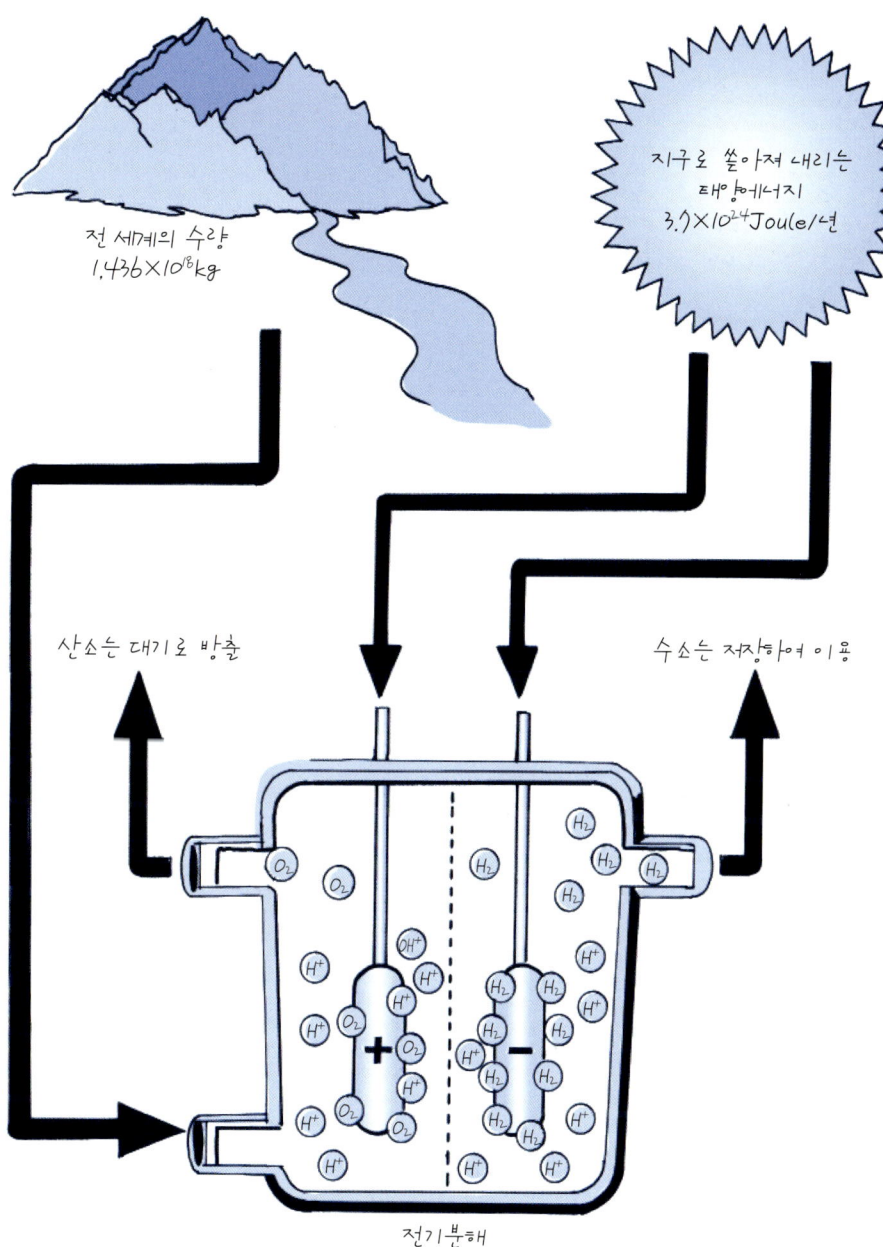

전 세계의 수량
$1.436 \times 10^{18} kg$

지구로 쏟아져 내리는 태양에너지
$3.7 \times 10^{24} Joule/년$

산소는 대기로 방출

수소는 저장하여 이용

전기분해

참고문헌

*주: 1) 세계대백과사전 29, 해본사 발행, 1972
2) OECD/IEA World Energy Outlook 1996 Edition
3) C-J.Winter, R.I.Sizmann, L.L.Vant-Hull, "Solar Power Plants, Fundamentals, Technology, Systems, Economics", ISBN 0-387-18897-5, SpringerVerlag New York, Berlin, Heidlberg 1991.

67 수소의 매력(2)

지구환경에 해를 가하지 않는 가장 뛰어난 에너지 매체

지구 상의 모든 에너지원은 **태양에너지**이다. 따라서 수소를 어떠한 방법으로 만든다고 해도 태양에너지로 만드는 것에는 변함없는 것이다. 그렇다고는 해도 지구환경에 해를 가하는, 즉 재생순환에 시간이 걸리는 화석연료와 같은 에너지원의 사용을 계속하면 지구는 언젠가 인류가 살지 못하는 혹성이 되어버린다.

그래서 재생순환의 스피드가 빠른 에너지 매체를 통해 이용하는 것이 요구되고 있다. 그것이 **수소연료**이다. 다음의 그림은 화석연료와 수소연료의 재생순환을 나타낸 이미지이다. 화석연료는 태양에너지를 사용하여 지상의 물과 탄산가스를 수억 년에 걸쳐 화석연료로 재생한다. 한편, 수소연료의 경우 물을 이용하여 곧바로 수소, 연소하여 물이 된다. 이렇게 수소연료는 재생순환 스피드가 빠른 에너지 매체이다. 따라서 수소를 단시간에 다량으로 소비해도 소비의 결과는 물이 되는 것이므로 언제나 무해하다.

소비되는 만큼 태양에너지를 사용하여 물을 수소에너지로 변환하면 지구환경은 균일하게 보존되며, 그 결과 지구환경에 해를 가하지 않는 것이다. 탄산가스와 태양에너지로부터 제조되는 화석연료라도 재생순환 스피드가 빠르면 지구환경은 해가 없지만, 이미 알고 있듯이 그것은 불가능하다.

태양에너지는 전 세계 구석구석까지 내리 쬐고 있지만, 에너지 밀도가 작다는 결점을 갖고 있다. 이로 인해 태양에너지를 얻을 수 있는 주간 동안에 집적하여 저장해 둘 필요가 있다. 수력은 자연의 에너지로 태양에너지를 집적시킨 에너지원으로 생각할 수 있다. 따라서 예전부터 수력은 전기를 만드는 에너지원으로 이용되어 온 것이다.

수소는 만일 다량으로 대기에 개방된 경우라도 가장 가벼운 물질인 점과 공기와 매우 빠르게 혼합되어 버리는 성질이 있기 때문에 안전하게 대기와 혼합하면서 상승해버려 위험성이 적은 연료이다. 또한 대기로 방출되어도 자연환경을 해하지 않는 에너지이다. 따라서 수소에너지는 안전하고 환경에 해를 가하지 않는 저장 면에서도 가장 뛰어난 에너지 매체인 것이다.

- 환경에 해를 가하지 않는 재생순환이 빠른 수소
- 수소저장에 따라 자연에너지의 변동을 완화
- 화석연료와 동등하거나 그 이상으로 안전한 수소

수소연료와 화석연료의 순환 시스템 비교

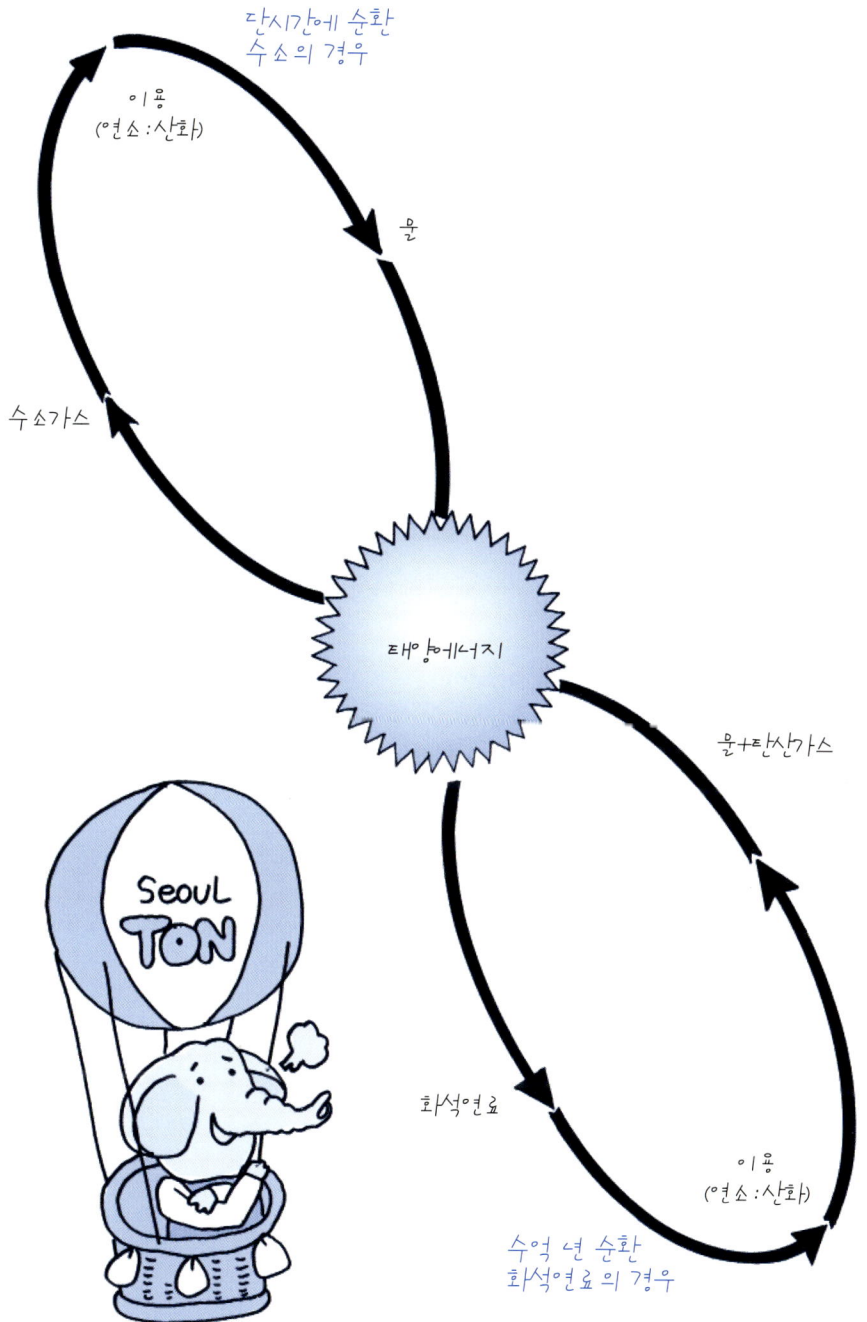

여러 이용이 가능한 수소, 그리고 지구환경 문제와 에너지고갈 문제를 동시 해결

수소의 매력(3)

다음의 그림은 **수소에너지 시스템**을 나타낸 것이다. 수소는 자동차연료로도 이용할 수 있고, 가솔린 대신에 수소를 공기와 혼합하여 엔진에 공급하고 엔진 속에서 연소시킴으로써, 수소에너지를 직접 동력으로 변환할 수 있다.

이 변환 시스템의 특징은 고온이고, 3차원으로 연소를 수행할 수 있으므로 단위시간당의 에너지 방출이 큰 것이다. 자동차처럼 순발력을 필요로 하는 탈것에는 최적의 수단이다.

한편, 연료전지를 사용하여 수소가 가지는 화학에너지를 전기에너지로 직접 변환하는 것도 가능하다. 수소연료는 약 80℃의 낮은 온도에서 연료전지의 농도차에 의해 연료극으로 이동, 2차원인 판 형태 전극의 촉매로 전자와 수소이온(프로톤)으로 분해되며, 그 전자가 공기극으로 이동하는 것에 의해 반대 측의 판 형태 전극의 촉매로 농도차에 의해 이동해 온 산소와 수소이온 및 전자가 반응하여 물이 되는 **변환 시스템**이다.

단위시간당의 에너지 방출은 작지만, 처리능력은 충분히 있는 경우(낮은 출력 시)는 매우 높은 변환 효율을 얻을 수 있는 특징이 있다.

수소는 도시가스처럼 가스풍로를 사용하여 연소시킬 수도 있다. 촉매 연소기술을 사용함으로써 전기풍로처럼 불꽃을 내지 않고 이용하는 것도 가능하다. 이처럼 수소연료는 간편하게 열에너지와 전기에너지로도 이용방법에 맞추어 사용이 편리한 에너지이다.

수소제조의 생산성을 향상시킴으로써 저렴한 수소에너지를 이용할 수 있고, 지구 상에 무한히 있는 물과 태양으로부터 내려오는 무한의 태양에너지를 이용하여 인류에 친화적인, 즉 지구에 친화적인 수소에너지를 얻을 수 있는 것이다. 수소에너지는 동시에 지구환경 문제와 에너지고갈 문제를 해결할 수 있는 매체로 기대를 받고 있다.

요점 BOX
- 다양하게 이용할 수 있는 수소
- 수소연료로 지구환경 문제와 에너지고갈 문제를 동시 해결

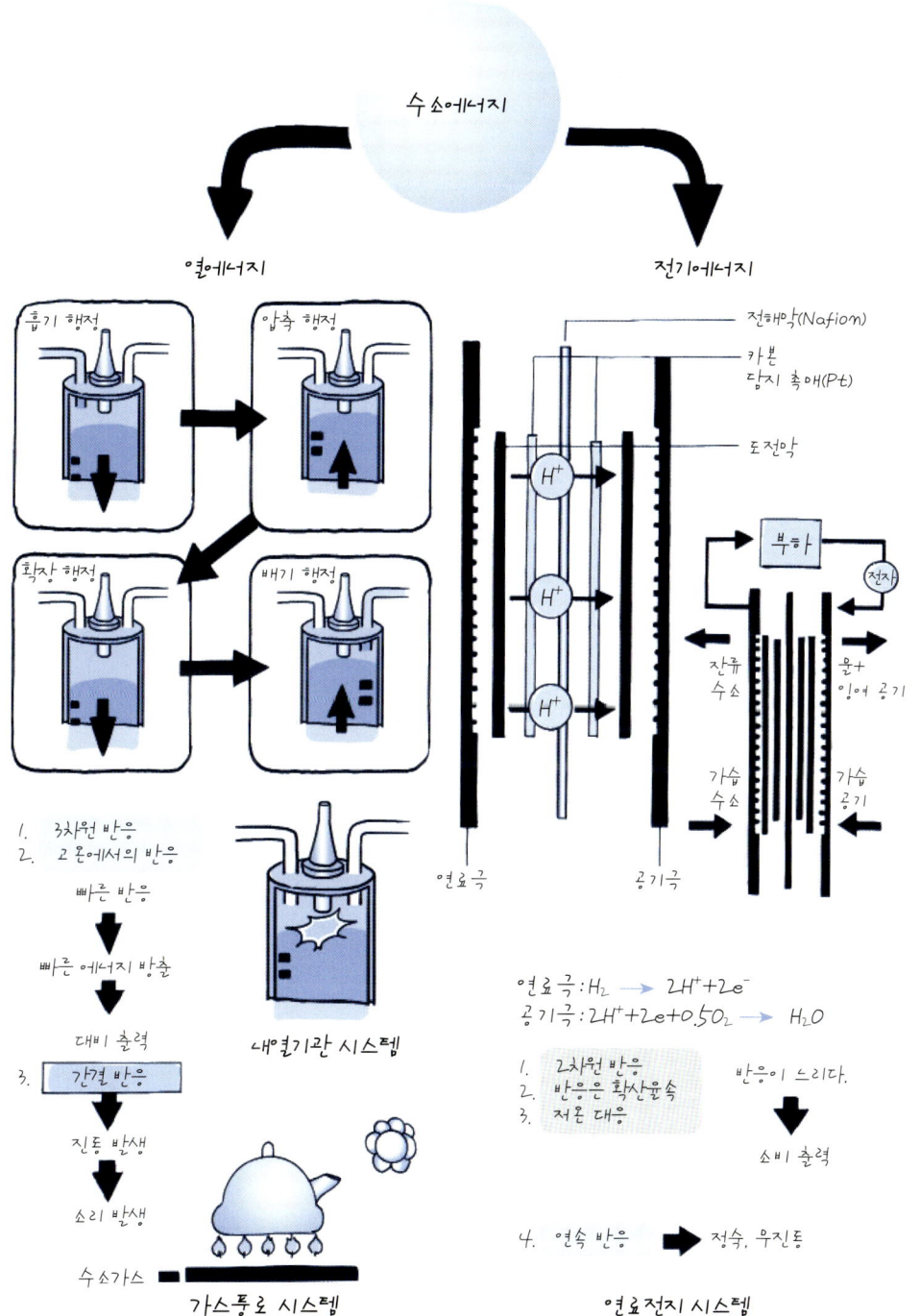

수소에너지 시대의 집
수소클린하우스

　지구를 영원히 살기 좋은 혹성으로 만들기 위해, 태양에너지를 1차 에너지로 하고, 수소에너지를 2차 에너지로 하여 이용하는 사회에서 독자 여러분이 살 집을 생각해 보겠다. 다음의 그림은 수소클린하우스이다. 현재의 천연가스 대신 환경에 해를 가하지 않는 수소가스가 각 가정까지 가스관으로 연결되어 사용되고 있다. 조리, 목욕물 끓이기나 재가열, 수공예의 유리가공 세공 등 고온의 열원이 필요한 경우는 수소가스를 직접 연소시키는 시스템을 이용하고 있다. 수소의 나화(裸火)는 눈에 보이기 어려운 성질이 있으므로, 현재 전기로 작동하고 있는 자기유도 가열풍로처럼 불꽃은 전혀 발생하지 않는 **촉매 버너풍로**를 사용하게 된다. 생선을 굽거나, 케이크를 굽거나, 로스트 비프(roast beef)를 구울 때에는 수소의 나화는 복사열이 적기 때문에, 적외선 발생 세라믹 등을 수소의 나화로 가열하여 세라믹에서 발생하는 복사열을 이용한 수소생선구이레인지, 수소오븐레인지를 사용한다.

　전기를 얻기 위해서는 공급된 수소가스를 사용하여, 연료전지 시스템에서 수소를 전기에너지로 변환하여 사용한다. 수소클린하우스의 지붕에는 태양전지를 설치하여 직접 전기의 공급을 수행한다. 과잉 시에는 연료전지를 수소발생기로 이용하여 수소를 만들고 수소저장기에 저장해 둔다. 그리고 지붕에 설치한 태양전지를 투과한 태양에너지는 태양온수기에 저장되어 집의 온수로 이용한다. 음료수는 수소로부터 전기를 얻은 후 발생하는 순수를 음료수로도 사용한다. 연료전지로부터 얻어지는 순수한 물은 우리가 마시고 있는 음료수에 비교하면 물 그 자체이므로 맛이 없다. 그래서 음료수화 장치를 통해 음료수를 이용한다. 물론 일반 음료수도 수돗물로 가정에 공급되고 있다.

　히트 펌프를 많이 사용하여 열의 회수나 방출을 적극적으로 실시하고 있다. 에너지절약을 수행하기 위해 집은 단열구조를 취하고 있다. 창문도 2중창으로 되어 있으며, 외기 온도에 크게 영향을 받지 않는 구조로 되어 있다. 빗물은 저수조에 모아서 화장실 물, 산수로 재이용할 수 있다. 부엌의 잔반(殘飯) 등은 바이오 처리되어 비료로 재이용된다. 이처럼 자연에너지와 바이오의 힘을 빌린 완전재생 순환형 사회를 실현하고 있는 것이 **수소클린하우스**이다.

- 완전 자연에너지 이용 하우스
- 음용수는 순수에 맛을 첨가
- 완전 에너지절약화
- 바이오 리사이클

수소클린하우스

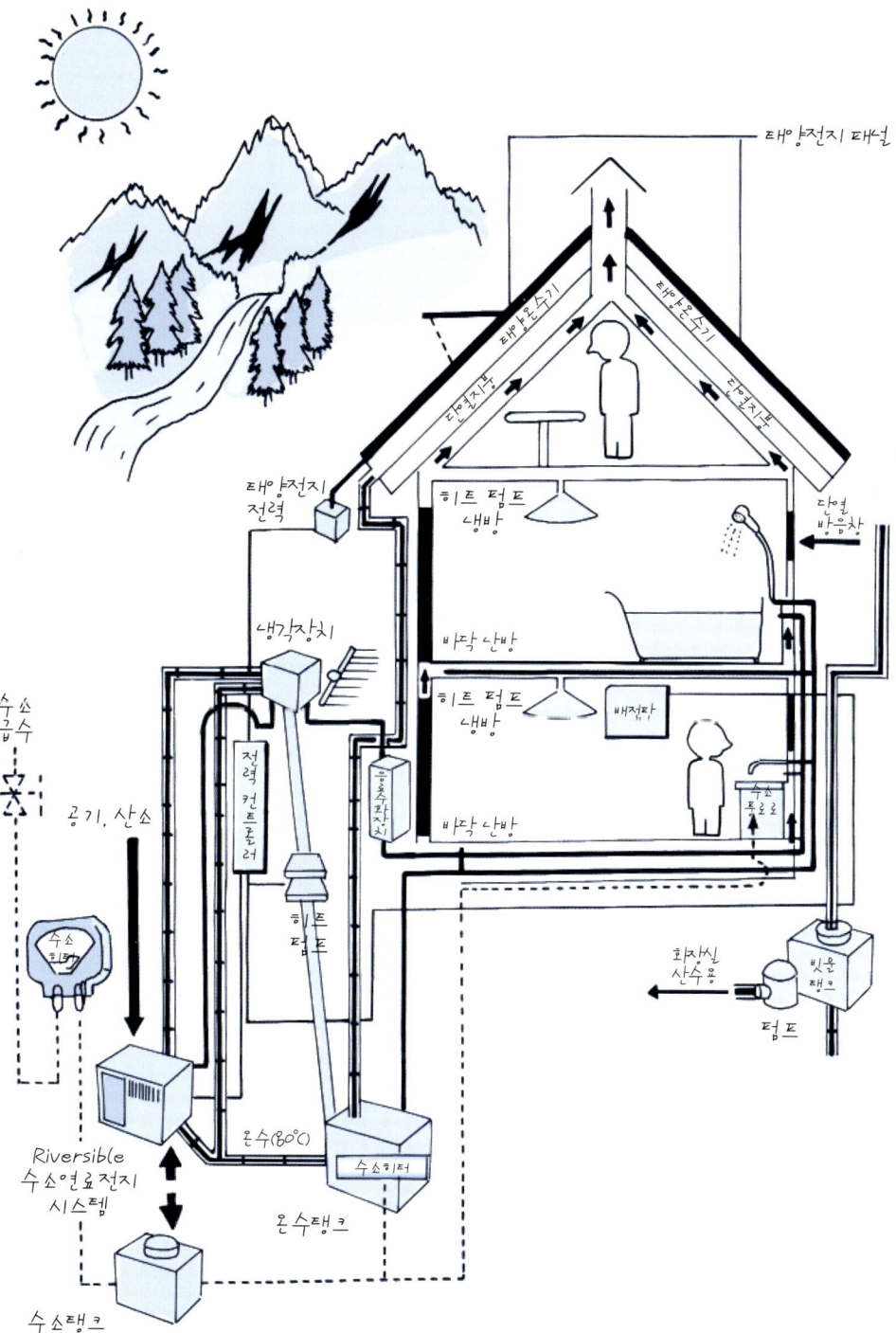

70

액체수소를 해외에서 수입

수소의 공급

태양에너지는 지구 상 어디에서도 얻을 수 있지만, 그 에너지는 희박하며 항상 변동하고 있다. 예를 들면, 태양이 나와 있는 주간에는 태양에너지를 얻을 수 있지만 야간에는 얻을 수 없다. 그리고 비가 내리는 날은 제로(0)는 아니지만 얻을 수 있는 에너지는 크지 않다. 일반적으로 양호한 조건에서 태양이 강렬하게 빛나고 있을 때 $1m^2$당 약 1kW의 에너지를 얻을 수 있다. 수소클린하우스처럼 지붕에 태양전지를 설치함으로써 3~5kW 정도는 얻을 수 있다고 생각되지만, 국내의 각 가정의 소비에너지를 충당하는 것은 도저히 불가능하다. 따라서 수소연료는 화석연료와 마찬가지로 자연에너지가 넘치는 국가로부터 수입할 필요가 있다. 전기를 장거리 송전선으로 옮기는 것은 전력 손실이 너무 크다. 따라서 자연에너지가 다량으로 있는 현지에서 전기를 일으켜, 그 전기로 물을 분해하여 수소를 제조하고, 액체수소로 만들어 수입하게 되는 것이다. 다음의 그림이 그 개념을 나타내고 있다.

그래서 중요한 것은 **국제협력과 협조**이다. 자연에너지가 과잉인 국가는 잉여 자연에너지를 액체수소로 만들어 수출하게 된다. 개발도상국에는 자연에너지는 다량으로 있지만, 그것을 수출하기 위해 싸게 수소를 만드는 기술, 자본 및 인프라가 정비되어 있지 않은 국가가 많이 있다. 자연에너지를 수입하는 국가는 그 반대이다. 그래서 서로의 부족한 점을 보완해 나갈 필요가 있으며, 그것을 위해 필요한 것이 국제협력과 협조이다. 그리고 상호 국가가 번영해 나갈 필요가 있다. 어느 쪽에도 속하지 않는 국가에는 풍부한 국가로부터의 지원을 실시해 갈 필요가 있다.

규모의 확대는 생산성이 향상된다. 즉, 싼 수소가 만들어지는 것이 된다.

따라서 자연에너지의 수집, 수소의 제조, 액화, 수송, 저장 모든 것을 큰 규모로 하여 진행할 필요가 있다. 그러나 분산자급형도 하나의 저렴한 방법인 지역도 나타날 것이다. 그곳에서는 오히려 소규모로 간단한 수소제조·저장설비와 공급설비를 구비한 공급 시스템이 유효한 상황도 나타나게 된다. 어쨌든 사용할 수 있는 수소는 적어도 저렴하지 않으면 보급은 없다고 생각한다.

- 자연에너지의 해외 생산
- 다량 저축과 다량 수송법
- 점점 중요한 국제협력·협조
- 저렴한 수소의 추구

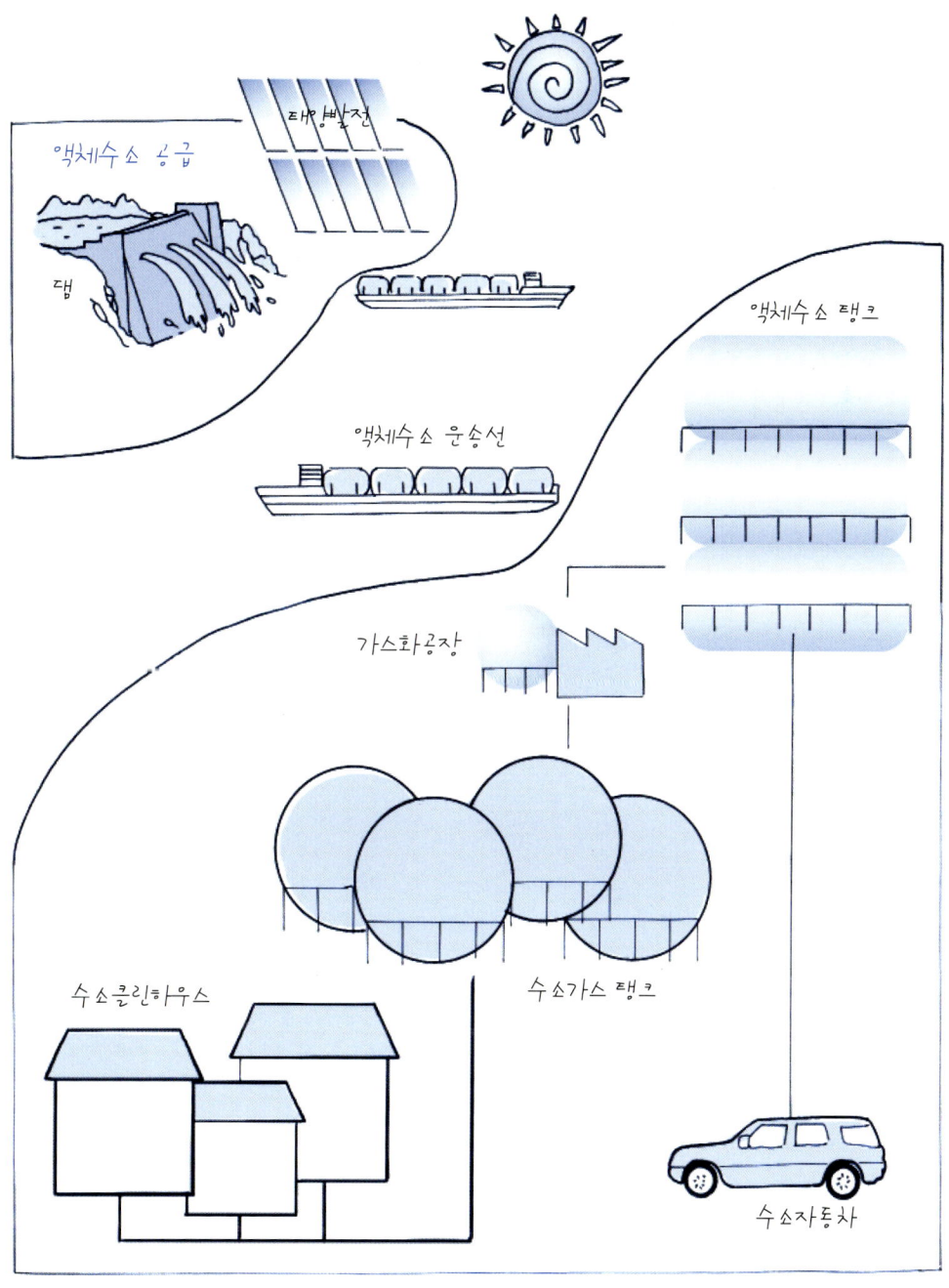

수소사회는 이렇게 된다

하늘을 바라보면 2,000m 이상의 산에 올랐을 때에만 만끽할 수 있는 맑고 투명한 푸른 하늘. 태양빛이 너무나 눈부셔서 선글라스를 쓰게 된다. 나무 그늘로 가면 나뭇잎 사이로 비치는 햇빛에 공기가 연녹색으로 보인다. 그 공기는 주변의 꽃, 풀, 나무들과 땅의 냄새가 나서 정겨운 숲 속에 있는 듯한 기분이다. 공기는 20세기와 비교하면 맛이 있을 텐데, 이미 그 맛에 익숙해져 공기의 맛을 알 수 없게 되었다. 그것들에게 윤택함을 주는 냇가의 물, 피라미나 산천어가 마음껏 헤엄치고 있다. 냇가의 시냇물 소리도 들리고, 작은 새의 지저귐이 들린다.

앞 항에서 소개한 수소클린하우스가 이곳저곳에 자리한 교외, 쇼핑하러 가는데에는 30년 전부터 서서히 보급되어 온 수소자동차를 운전하여 가까운 시장에 간다. 이미 화석연료는 연료로는 사용하지 않고 있다. 화학공업의 귀중한 원료만 이용할 수 있고, 그것도 재생하여 사용하고 있다. 수소자동차의 연료보급은 시장에 인접한 수소스탠드에서 차를 스탠드의 소정 위치에 정차하여 D카드를 장식하면, 연료보급 로봇이 100ℓ의 수소를 3분만에 보급해 준다. 잠시 기분전환으로 가까운 언덕까지 드라이브를 한다.

그곳에서는 바다가 보이기 때문이다. 스쳐 지나는 크고 작은 트럭, 버스 및 승용차는 모두 수소를 연료로 하여 주행, 하얀 수증기만을 방출하고 달리고 있다. 창을 열고 달리면 매우 상쾌하다. 언덕의 전망대에 도착하니, 어느새 눈 앞에 바다가 한눈에 보인다. 스모그가 없는 것과 하수처리시설에 의해 냇가로 잘못 알아볼 정도로 깨끗해지고 나서 30년 이상이나 경과되었기 때문에 바다는 새파랗게 보인다. 해상에는 큰 화물선이나 수소수송선이 왕래하고 있고 작은 어선도 보인다.

하늘을 올려다보면 국제선의 항공기 1기가 폭음을 내며 날고 있고, 낮은 곳에는 소형 항공기가 날고 있다. 비행기의 연료도 화석연료로부터 수소연료로 대체되어 30여 년 경과되었다. 완전히 화석연료를 사용할 수 없게 되어 모든 에너지가 태양과 물로부터 만들어지게 되고 나서 10년이 지난 이런 사회에서 생활하게 될 것이다.

백광열

현) ㈜명성자동차
　대림대학, 인하공업전문대학, 경기과학기술대학교 강사

요모조모 궁금한 연료전지를 알고싶다

초판 발행 | 2011년 10월 5일
제1판2쇄 발행 | 2020년 3월 20일

발 행 인 | 김길현
발 행 처 | (주) 골든벨
등　　록 | 제 1987-000018호　ⓒ 2011 GoldenBell Corp.
I S B N | 978-89-7971-976-5
가　　격 | 15,000원

편　　성 | GB기획센터　　　　　　　교정·교열 | 백광열
본문 디자인 | 조경미·김한일·김주휘·이상호　제작 진행 | 최병석
웹매니지먼트 | 안재명·김경희　　　　오프 마케팅 | 우병춘·강승구·이강연
공급관리 | 오민석·정복순·김봉식　　회계관리 | 이승희·김경아

(우)04316 서울특별시 용산구 원효로 245(원효로 1가 53-1) 골든벨 빌딩 5~6F
• TEL : 도서 주문 및 발송 02-713-4135 / 회계 경리 02-713-4137
　　　내용 관련 문의 02-713-7452 / 해외 오퍼 및 광고 02-713-7453
• FAX : 02-718-5510　　• E-mail : 7134135@naver.com

이 책에서 내용의 일부 또는 도해를 다음과 같은 행위자들이 사전 승인 없이 인용할 경우에는 저작권법 제93조
「손해배상청구권」에 적용 받습니다.
① 단순히 공부할 목적으로 부분 또는 전체를 복제하여 사용하는 학생 또는 복사업자
② 공공기관 및 사설교육기관(학원, 인정직업학교), 단체 등에서 영리를 목적으로 복제·배포하는 대표, 또는 당해 교육자
③ 디스크 복사 및 기타 정보 재생 시스템을 이용하여 사용하는 자